网络通信关键技术丛书

十进制网络技术及应用

王中生　谢建平　著

電子工業出版社
Publishing House of Electronics Industry
北京 • BEIJING

内 容 简 介

本书以《采用全数字编码为计算机分配地址的方法》专利为基础，介绍了工业和信息化部十进制网络标准工作组开发完成的十进制网络 IPV9 系统技术。

本书内容包括：十进制网络，十进制网络体系结构，十进制网络母根服务器及 N～Z 根域名服务器，十进制网络硬件系统与软件系统，十进制网络地址组成及分配方法，十进制网络数据报结构，十进制网络地址结构，十进制网络技术应用。

本书内容翔实，理论性与应用性并举，图文并茂，通俗易懂。本书适合从事网络开发的研究者了解十进制网络技术及应用，适合电信及计算机专业本科生、研究生作为教材使用，也适合网络爱好者了解及学习十进制网络。

图书在版编目（CIP）数据

十进制网络技术及应用 / 王中生，谢建平著. —北京：电子工业出版社，2021.10
（网络通信关键技术丛书）
ISBN 978-7-121-41958-4

Ⅰ. ①十… Ⅱ. ①王… ②谢… Ⅲ. ①十进制－计算机网络 Ⅳ. ①TP393

中国版本图书馆 CIP 数据核字（2021）第 182305 号

责任编辑：秦　聪
印　　刷：北京天宇星印刷厂
装　　订：北京天宇星印刷厂
出版发行：电子工业出版社
　　　　　北京市海淀区万寿路 173 信箱　邮编：100036
开　　本：720×1 000　1/16　印张：12.5　字数：280 千字
版　　次：2021 年 10 月第 1 版
印　　次：2021 年 10 月第 1 次印刷
定　　价：63.00 元

凡所购买电子工业出版社图书有缺损问题，请向购买书店调换。若书店售缺，请与本社发行部联系，联系及邮购电话：（010）88254888，88258888。

质量投诉请发邮件至 zlts@phei.com.cn，盗版侵权举报请发邮件至 dbqq@phei.com.cn。

本书咨询联系方式：（010）88254568，qincong@phei.com.cn。

本书编委会

前　言

网络主权与安全受到世界各国的高度重视。目前，Internet（又称互联网）的技术核心为IPv4、IPv6，归属于美国。2017年12月14日，美国联邦通信委员会（FCC）正式废除网络中立规则，为互联网应用带来了不稳定的局面：IPv4协议地址空间为2^{32}个，由于Internet发展初期对互联网的发展趋势估计不足，地址空间长度设置不够，造成IP分配不合理，使得IP资源十分有限，到2010年已无可分配的地址。1996年，美国互联网工程任务组（IETF）发布版本为RFC1883的IPv6，用于替代IPv4的互联网协议。由于IPv4和IPv6的地址格式不同，因此在未来的很长一段时间里，互联网中出现IPv4和IPv6长期共存的局面。研究表明：IPv6在解决IPv4地址不足问题的同时，出现了一些新的不足之处，全球IPv6技术仍处于不断研究与发展的阶段。

工业和信息化部十进制网络标准工作组自2001年8月成立以来，联合上海十进制网络信息科技有限公司在新一代互联网络领域进行了二十年的研究，开发了一整套的十进制网络框架体系，完成了具有中国自主知识产权的数据网络IPV9，于2001年获得专利（专利号CN98122785）。该技术已经在山东省泰安市健康生态域、吉林省政法委系统、北京邮电大学等进行了完整试用，取得了良好的效果，真正实现了“自主、安全、高速、兼容”的目标。

十进制网络简称IPV9，它不是IPv4和IPv6的升级：地址长度可变，从16位到2048位，默认地址位数为256位，地址空间为10^{256}，其海量地址可以满足人类各项活动的地址资源编码需要，而且采用最简单的数字域名体系。美国联邦专利局于2011年通过专利US8082365授权，从法律和技术上确认中国拥有十进制网络框架下的与美国Internet不同的网络核心技术，这就是IPV9专利技术，正式的专利名称是《采用全数字编码为计算机分配地址的方法》。IPV9协议采用0～9十个阿拉伯数字作为虚拟IP地址的编码符号，并将十进制作为文本的表示方法，具有巨大的可分配IP地址空间，是未来数字世界、数字货币的基石。

为了使大家正确理解和认识十进制网络IPV9，我们组织多位长期从事十进制网络研究的技术专业人员及专家，撰写了这本《十进制网络技术及应用》。本书内容包括：十进制网络，十进制网络体系结构，十进制网络母根服务器及N～Z根域名服务器，十进制网络硬件系统与软件系统，十进制网络地址组成及分配方法，十进制网络数据报结构，十进制网络地址结构，十进制网络技术应用。

本书旨在使人们正确认识并了解十进制网络技术的完整性、科学性，促进自主可控网络的健康发展。本书在撰写过程中得到了很多长期从事网络工作的研究人员的精心指导与斧正，参阅了大量的电信及网络专著和文献，在参考文献中业已标注，如果有未标明之处请联系我们。本书编委会对所有提供资料的老师和研究者表示感谢。

由于十进制网络目前尚处于试验运行阶段，应用点有待进一步扩大，试验数据有待进一步获取，因此大数据并发可能存在的问题及处理方法在本书中未进行论述；部分技术内容由于涉密，本书未写入。由于作者水平有限、时间仓促，本书可能存在一些缺点和不足，欢迎广大计算机研究人员、网络科技工作者及学者提出建设性意见。

联系邮箱：wzhsh1681@163.com。

王中生

2021 年秋于西工新苑

目　　录

第 1 章　十进制网络

目前，全球互联网采用的是 TCP/IP 协议簇。IP 是该协议簇中网络层的协议，是 TCP/IP 协议簇的核心协议。IP 协议的版本号 IPv4，地址位数为 32 位，可接入互联网的最大地址空间是 2^{32}。随着互联网应用的发展与普及，IPv4 定义的有限地址空间已经被耗尽。为了扩大地址空间，国际互联网工程任务组（Internet Engineering Task Force，IETF）设计出用于替代 IPv4 的下一代 IP 协议 IPv6，重新定义地址空间，采用 128 位地址长度，几乎可以不受限制地提供地址。但随着物联网、大数据和云存储等不断发展应用，暴露出 IPv6 在其地址结构设计、安全及兼容性等方面固有的一些缺陷，因此研究开发安全可靠、兼容可控的未来网络，成为世界各国研究的热点。

1.1　十进制网络的发展

1. 未来网络

未来网络（Future Network）是一个专业名词，是自 2007 年以来国际标准化组织（International Organization for Standardization，ISO）和国际电工委员会（International Electrotechnical Commission，IEC）推出的一个国际标准化项目，其宗旨是用“空杯设计”（Clean Slate Design）和全新架构的方法，开发一个全新的、能够独立于现有互联网之外的网络体系，实现更安全、更经济、更快捷、更灵活、更能够满足新时代技术要求等目标，用十五年时间研发，在 2020 年前后初步投入商用。

大卫·克拉克（David Clark）等多位美国互联网专家，于 2001 年联名发表文章称，互联网的 IPv6 技术无法解决老旧的结构性缺陷问题，只能说明渐进式改良路线的失败，必须坚持“空杯设计”的原则，不依赖现有网络的支撑，用全新的思维设计全新的网络。

2005 年 7 月，美国国家科学基金会（National Science Foundation，NSF）宣布资助全球环境网络创新项目 GENI 计划，决定用全新框架的思路研发新一代网络体系，大卫·克拉克等人的文章及“空杯设计”主张是其思想理论的核心基础。这一计划没有征求 IETF 的意见，也没有让其参与，表明新一代网络体系与互联网的切割。

国际标准化组织 ISO/IEC 在 2007 年 4 月的西安会议上，决定启动未来网络国际标准研究计划，确定未来网络的英文为 Future Network，缩写为 FN，明确显示未来网络与美国互联网没有关联、从属和延续的关系。

2．IPV9 历史回顾

2007 年 4 月，ISO/SC6 西安全会通过决议文件 6N13307，成立未来网络研究标准课题。

2007 年 5 月 7 日，中国专家谢建平在巴黎会议上的报告——《IPV9 人类共同的理想》（由清华大学专家代为宣读，ISO/IEC 6N13376）得到一致好评。

2008 年 1 月，中国提交对巴黎会议的评论，强调 IPV9 和对等鉴别机制对未来网络的重要意义（6N13488）。

2008 年 4 月，ISO/IEC 与 ITU-T 联合召开了未来网络日内瓦会议，决定启动未来网络技术报告新项目提案；认可中国在 6N13488 中的评论，认为中国提交的 IPV9 技术可以作为未来网络技术的选择对象，考虑到《命名和寻址》的重要性，鼓励中国专家准备更为详细的报告，决议批准未来网络技术报告立项投票，其中 10 票赞成、0 票反对、5 票弃权，投票通过中国工业和信息化部对中国专家的《命名和寻址》草案（6N13660）审核会议，结论是同意提交。

工业和信息化部科技司在 2008 年 10 月 24 日于北京召开了关于 IPV9 是否要走向国际标准的会议，参加会议的单位包括清华大学计算机系、电信科学研究院、电信传输研究所、中国网通集团研究院、中国气象局、中国互联网协会、中国标准化协会、中国互联网中心、ISO/SC6 中国机构的秘书单位、信息产业部第四研究所、工业和信息化部十进制网络标准工作组。会议同意十进制网络标准工作组制订的 IPV9 在国际标准上应该走出去，应该在未来网络国际标准上争夺更多的话语权，争取在国际上有声音。

2009 年 9 月，在 ISO/SC6 东京全会上，中国专家发表未来网络互联互通研究报告《IPV9 的示范》（6N13947）。

2010 年 9 月，ISO/SC6 伦敦全会任命谢建平、张庆松和韩国康为《命名和寻址》的编辑（决议 6N14460）。2010 年 12 月 10 日，美国国家成员体向 ISO 未来网络工作组提交 6N14510 文件，表示反对未来网络研究，认为 IPv4/IPv6 的 IP 通信方法是美国的知识产权，美国国家机构已不支持 WG7 未来网络标准的开发。

我国针对 IPv4/IPv6 的技术缺陷提出了颠覆性的 IP 通信和虚拟实电路的混合通信和先验证后通信的方法，已经成为 ISO/IEC TR29181-2《命名和寻址》技术报告标准的一部分，冲破了美国有关 IP 网络协议的知识产权围笼。

2011 年 2 月 25 日，在中国专家评论的基础上，ISO JTC1 SC6 WG7 6N14848 文件答复了美国国家成员体的 6N14510 文件，指出未来互联网是全新设计的未来网络体系，不同于 IETF 渐进性的路线；未来网络不一定依靠 IP 网络，而是一个 IP 通信和虚拟实电路的混合通信组成的混合网络，没有侵犯知识产权，而美国国家成员体的意见，不能服人且不能接受，因此，不会停止对未来互联网的研究。WG7 的更名问题经过讨论，WG7 将工作组名称改为 FN 未来网络。

2011 年 5 月 11 日，时任美国总统奥巴马在《网络空间策略》中第一次提到了未来网络，而且在文件中第一次对美国和国际伙伴之间围绕网络上的各种问题制定了一系列统一的方法。文中明确："就其本身而言，Internet（IPv4/IPv6）不会迎来一个国际合作的新时代。我们是这项工作的受益者。总之，我们承诺可以共同努力去建设一个开放的、互操作性强的、安全可靠的未来网络空间。"这是美国自第二次世界大战以来第一次以总统的名义对网络空间（第五疆域）做战略切割，并于 2013 年 5 月 21 日、2014 年 3 月 11 日两次对中国主导的未来网络《命名和寻址》《安全标准》投了赞成票。

十进制网络标准工作组主导了《命名和寻址》《安全标准》技术报告的标准起草，已经得到了 ISO 认可，其中共有 30 个国家参与了投票，中国、美国（包括 IETF）、俄罗斯、加拿大等国家成员体都一致投了赞成票，没有反对票。

3. 未来网络的定义依据

未来网络的定义依据有两个。在国际上，未来网络的定义依据是国际标准。自 2007 年以来，ISO/IEC 就一直在研究制定未来网络的国际标准，并且发布了 ISO/IEC TR29181 系列的九份技术报告，论述了现有网络的问题并提出了未来网络的技术要求。根据 WTO 协议约定，在已经存在国际标准的情况下，各国的相关政策法规都应该与国际标准规范保持一致。因此，ISO/IEC 的未来网络国际标准应该成为各国未来网络定义的基础依据。

未来网络（Future Network）一词最早出现于 2007 年，在 ISO/IEC 的第一联合技术委员会（JTC1）下设的第六分技术委员会 SC6（简称 SC6）在中国西安举办的工作组会议和全会上出现并进入议事日程。

SC6 是 ISO/IEC 内专门负责网络标准制定的技术委员会。该委员会共发布了 392 项国际标准，38 项标准在制定过程中，有 19 个具有投票权的国家成员体（P 成员），还有 33 个国家或地区成员为观察员身份（O 成员）。SC6 秘书处设在韩国，因此 SC6 的主席由韩国提名并经 JTC1 批准。SC6 也是 ISO/IEC 未来网络的主导制定者，具体负责的工作组是 WG7。中国的对口主管部门是中国电子标准化研究院。

SC6 的网站地址是https://www.iso.org/committee/45072.html。2007 年 4 月 17 日，SC6 秘书处提交了一份编号为 6N13295 的文件，是由韩国国家成员提名的一份简短的建议书，题目是 *Proposal for Initiation of a New Project Area within SC6: Future Networks*，即“建议在 SC6 委员会内建立一个新项目领域：未来网络”。这就是“Future Network”这个名词最早出现的时间和源头。

2014 年，中国科学院院士工作局设立咨询研究课题“未来网络体系架构及其安全性”，并且形成了 110 页的研究报告，全面论述了未来网络安全架构的技术特征及可行性。经过中国科学院学部委员会论证后，中国科学院院长白春礼于 2015 年 7 月向国务院提交了报告，建议设立“十三五”未来网络重大专项，推动未来网络研究。这份报告是中国科学界对未来网络的权威论述，可作为国内定义未来网络的依据。

4．Future Network 和 Future Internet

未来网络（Future Network）为什么不是“Future Internet”，这是一个重要的差别。金砖国家使用的未来网络的英文名称即 “Future Network”。

第一，中国国家主席习近平在 2019 金砖国家领导人非正式会晤上的演讲是中文的，使用的是“未来网络”一词。现场的同声翻译使用的是“Future Network”。这说明，中国代表团所准备的英文书面演讲稿中使用的就是“Future Network”。

第二，金砖国家领导人在大阪非正式会晤发表的联合声明英文版中，使用了“Future Network”。

第三，巴西外交部设立的金砖五国 2019 峰会网站上使用的是“Future Network”。

所以，未来网络指的就是“Future Network”，不能混淆为“Future Internet”。

5．区别与意义

坚持“Future Network”与“Future Internet”具有区别有着十分重要的意义。

第一，金砖国家未来网络研究院使用的“Future Network”或者其复数形式符合国际规范，符合 ISO/IEC 国际标准，因此也符合 WTO 规则。

第二，彰显技术路线的不同。在技术领域，常常会出现技术路线的分歧。在这种情况下，最好实行路线分离的原则，让不同的路线各施其能，最后再来进行验证考评、优胜劣汰。未来网络的英文名称是“Future Network”，其中没有“Internet”，表明未来网络走的不是现有的互联网技术路线，不是对现有互联网的升级改造。

第三，避免混淆。有些国内研究者将未来网络翻译为“Future Internet”，有的甚至将“下一代互联网”也翻译为“Future Internet”。这使得人们无法辨别什么才是真正的未来网络。金砖国家未来网络研究院使用“Future Network”这个名词，可杜绝概念和名词混淆问题。

第四，划分职权。如果未来网络使用“Future Internet”这个名词，可能被误认为是与 Internet 有关的项目，就会产生与 IETF 等互联网机构的管理职权纠纷。而使用“Future Network”，就与 Internet 没有任何隶属关系，也就不会对其管辖权产生争议。

第五，凸显未来网络的独立性。未来网络的基本宗旨是能够在不依赖互联网的条件下独立生存，从而提高世界各国网络的主权、生存和控制能力。因此，在名称上也需要体现出独立性。

1.2　网络中立与挑战

计算机网络发展到现在，Internet 已经成为网络的代名词。人们谈到网络时，多数情况下指的就是国际互联网，人们通过互联网收发电子邮件、学习或工作、支付、视听娱乐等，几乎所有的事情都可以在互联网上完成，而且已经严重依赖互联网了。

1.2.1　网络中立

1. 网络中立性

互联网起源于美国，因此世界互联网从技术到应用都要受到美国的管理和控制。美国可以随意切断一个国家对互联网的使用，网络主权是各个国家十分关注的重点。2003 年伊拉克战争期间，美国停止对伊拉克的域名解析，使伊拉克从互联网上消失；2004 年 4 月，美国将利比亚断网，让利比亚在互联网上消失了 3 天。

网络中立（Network Neutrality）又称为“开放的互联网”规则，是指在法律允许的范围内，所有的互联网用户都可以按自己的选择访问网络内容、运行应用程序、接入设备、选择服务提供商。这一原则要求平等对待所有的互联网内容和访问，防止运营商从商业利益出发控制传输数据的优先级，保证网络数据传输的“中立性”。

“网络中立性”起源于美国在20世纪30年代颁布的电信法，当时的规定内容是任何电话公司不得阻碍接通非本公司用户的电话。这一概念在中国国内称为“互联互通”。

电信运营商是信息服务的基础设施提供者，但不可能像互联网公司那样由一家公司提供全部服务。无论是话音业务还是数据通信，往往需要由多家设备商和运营者联手完成，任何一个环节出现障碍都会对通信产生影响。

虽然设备的交互是基于统一的通信协议和技术标准，但操作设备的还是人。而电信运营商之间又是竞争关系，如果利益分配不合理，或者出于其他目的不让通信顺畅进行，受损失的还是客户。所以通信的监管机构非常重要，要保护通信业务的正常运转和客户的合理权益，必须伴随着技术和产业发展的步伐，及时出台合理的政策和规则。

20世纪末中国联通刚成立时，就在互联互通方面出过问题，很多用户由于拨不通电话，甚至对中国联通的通信质量和能力产生强烈质疑。后来在监管机构的推动下，运营商签署了互联互通和网间结算的协议，在协议细则中明确了互联互通的要求，以及对阻碍互联互通的处罚规则，监管部门又处理了一批阻碍互联互通的事件，才使得相关工作逐渐规范化。

“网络中立性”的概念可以追溯至20世纪30年代美国的电信法，互联网出现以后，网络中立规则自动延伸，运营商均不得对来自非本公司用户的数据，如邮件、视频等设置限制。

2. 美国废除“网络中立性”法规

2019年6月11日，美国政府正式废除2015年美国政府制定的“网络中立性”法规，意味着美国可以实施网络攻击和网络战争。

由于美国是Internet的控制国家，其主要根服务器都在美国境内。世界上所有国家的网络地址都由美国分配，所以美国可以限制其他国家网站的访问和网速，甚至可以直接掐断网络。取消了“网络中立性”，计算机网络成为美国控制、干扰其他国家政治、经济、商务、贸易、文化、交流等的工具。

3. 网络费用

根据《第一财经日报》2008年援引中共中央党校经济学部课题组的一份报告，由于美国是使用Internet的“游戏制定者”和“运行控制者”，全球Internet用户上网必须向美国交付相关费用。据该报告推算，我国每年向美国支付的国际互联网的费用，包括域名注册费、解析费和信道资源费及其设备、软件的费用等，高达5000亿元以上。这已是十多年前的数据，那么现在呢？数额巨大。

互联网地址资源租用费：互联网的地址资源是全球唯一的，根据亚太互联网络信息中心（Asia-Pacific Network Information Center，APNIC）和中国互联网络信息中心（China Internet Network Information Center，CNNIC）的政策，地址分配基于租赁而不是永久出售或转让的原则，因此联盟成员需要及时缴纳相关的费用，以保证自己能够继续有效地租用这些资源。中国租用 IPv4/IPv6 地址，每年通过美国注册代理机构——CNNIC 向美国支付租用费。IPv6 的地址资源租用费比 IPv4 的租用费更高一些。

域名解析费：运营商按年收取的费用。由于中国的域名采用英文、中文域名，国外收取费用有据可查的是反向解析费、AS（Autonomous System）号码费（自治系统是指使用统一内部路由协议的一组网络），统一由 CNNIC 代收。

信道资源费：中国缺少信道资源，每年需付租用美方的相关全电路费、端口费。

全电路费：即除了中国自行建设中国区段海缆外，需支付租用美国相关公司指定的美国段海缆及相应的陆上接入设备、机房的费用，也包括部分租用转发器的费用。

网络接入费（端口费）：接入和使用美国国内网络的费用。这一费用相对总和最高、范围也最广，由 CNNIC 代收，收费的对象是全体网民，收费方式为全电路费按年租用或一次结清，网络接入费按出口带宽收取。2003 年之前，进口美国的带宽费用高达 120 万元/G/月，后来有所改变，但是总体来说大大降低。同时，中国进口美国的带宽比美国进口中国的带宽几乎要高一个数量级，进口带宽的费用全部由网民来支付。

进出口带宽不平衡是一个结构性问题。2001 年民用网络普及之后，短短九个月出口带宽就翻了一番。CNNIC 于 2015 年 12 月发布的一份报告显示，中国的出口带宽已达到 5392 GB，从 2010 年年末到 2015 年年末出口带宽年增长率为 31%。我国的出口带宽一直在高速增长，2016 年已经突破 6000 GB，网络费用可想而知。

1.2.2　网络主权与安全

2019 年 6 月 28 日，金砖国家领导人会晤在日本大阪举行。中国国家主席习近平、巴西总统博索纳罗、俄罗斯总统普京、印度总理莫迪、南非总统拉马福萨出席。在日本大阪 G20 前夕金砖国家领导人非正式会晤上，中国国家主席习近平在演讲中，首次就“未来网络”发表意见，提出加快建设“金砖国家未来网络研究院”的倡议，得到了与会金砖国家领导人的一致认可，这是习近平主席第一次在公开演讲中提到"未来网络"这个名词。这表明经过十多年的研究和论证，ISO/IEC自2007年以来推动的"未来网络"这一国际技术标准已经得到了中国政府的高度认可。

1. 网络安全与国家安全

2014年2月27日，习近平总书记在中央网络安全和信息化领导小组第一次会议上的讲话指出：当今世界，信息技术革命日新月异，对国际政治、经济、文化、社会、军事等领域发展产生了深刻影响。信息化和经济全球化相互促进，互联网已经融入社会生活方方面面，深刻改变了人们的生产和生活方式。我国正处在这个大潮之中，受到的影响越来越深。我国互联网和信息化工作取得了显著发展成就，网络走入千家万户，网民数量世界第一，我国已成为网络大国。同时也要看到，我们在自主创新方面还相对落后，区域和城乡差异比较明显，特别是人均带宽与国际先进水平差距较大，国内互联网发展瓶颈仍然较为突出。

2. 互联网+

习近平总书记《在网络安全和信息化工作座谈会上的讲话》（2016年4月19日，人民出版社单行本，第4～5页）指出：我们要加强信息基础设施建设，强化信息资源深度整合，打通经济社会发展的信息"大动脉"。党的十八届五中全会、"十三五"规划纲要都对实施网络强国战略、"互联网+"行动计划、大数据战略等作了部署，要切实贯彻落实好，着力推动互联网和实体经济深度融合发展，以信息流带动技术流、资金流、人才流、物资流，促进资源配置优化，促进全要素生产率提升，为推动创新发展、转变经济发展方式、调整经济结构发挥积极作用。

3. 网络命门

习近平总书记《在网络安全和信息化工作座谈会上的讲话》（2016年4月19日，人民出版社单行本，第10页）指出：互联网核心技术是我们最大的"命门"，核心技术受制于人是我们最大的隐患。一个互联网企业即便规模再大、市值再高，如果核心元器件严重依赖外国，供应链的"命门"掌握在别人手里，那就好比在别人的墙基上砌房子，再大再漂亮也可能经不起风雨，甚至会不堪一击。我们要掌握我国互联网发展主动权，保障互联网安全、国家安全，就必须突破核心技术这个难题，争取在某些领域、某些方面实现"弯道超车"。

1.3　国际互联网现状

互联网已经成为人们日常工作和生活的必需，网络经济的份额已占全球 GDP 的 22%。网络的重要性凸显，那么涉及网络的基础工作就更加重要了，对此有两个主要问题：一是网络主权问题，也就是美国的 Internet，如何坚持网络主权，现在还是个挑战；各国希望运营商提速降费，减少广大中小企业接入互联网的带宽费用，但如何把接入互联网的网费降低又是个难题。这两大问题解决起来比较困难。

1．网络空间

网络空间要有一个定义，这非常重要，网络空间是一个包含了三个基本要素的、虚实结合的并且以虚为主导的虚拟空间。

在这个虚拟的网络空间中，最重要的不是基础设施，也不是应用环境，而是全套根系统。网络空间主权的核心体现是数据通信技术标准协议，包括世界上现存装备运行的 IPv4、IPv6 和未来网络/IPV9 前后三代网络数据通信标准和协议，以及形成的网络空间地址命名权、分配权、解析权和路由寻址运营管理权。

网络空间核心资源包括母根服务器、主根服务器、13 个根域名服务器、地址及域名解析系统的知识产权、资产装备及运营管理权。因此可以说：谁掌握了网络空间的核心资产，谁就掌握了网络空间的主权。

2．互联网服务器

网络空间主权是由网络基本工作原理决定的。用户的任何一次网络访问，包括互联网中的任何一台计算机或手机上网，都需要访问根服务器系统，包含母根服务器、主根服务器（发布主机），这个隐藏发布主机只有 13 个根域名服务器（都是平权的）可以访问。13 个根域名服务器先读主根服务器，再读母根服务器，获取数据后由镜像服务器读取，最后向全网扩散。

根服务器主要用来管理互联网的主目录。IPv4 所有的母根、子根服务器均由美国政府授权的互联网域名与号码分配机构 ICANN 统一管理，负责全球互联网域名根服务器、域名体系和 IP 地址等的管理。全世界的根域名服务器分布为：美国 10 个、欧洲 2 个（位于英国和瑞典）、亚洲 1 个（位于日本），指挥着 Firefox 或 Internet Explorer 等 Web 浏览器和电子邮件程序，控制互联网通信。根域名服务器中有经美国政府批准的 1000 多个互联网域名后缀（如.edu、.com 等）和所有的国家域名

（如美国的.us、中国的.cn 等）。

所谓依赖性，从国际互联网的工作机理体现为“根服务器”的问题。从理论上说，想要解析任何形式的标准域名，按照技术流程，都必须经过全球“层级式”域名解析体系的工作才能完成。

3．互联网安全典型事件

世界上任何一次网络访问，首先要访问美国。现在有些人说很多访问是不出国的，有些业务确实在感觉上是这样的，但实际上是镜像根服务器和缓存服务器在起作用。Internet 在一些没有根服务器的国家设置了镜像服务器，但这些服务器完全受控于美国，常用的网址本地可以解析，数据可以缓存在本地以防止网络拥堵，但 Internet 的母根可以备份全网，所有流量仍然可以被统计，尽管绝大部分数据流量业务是国内业务。而这是基于经济的原因——所有访问根系统的数据流量是双向计费的。

自互联网广泛应用以来就不断受到来自全球的各类攻击和挑战，造成的典型的服务器故障如下。

（1）1997 年故障。

1997 年 7 月，域名服务器之间自动传递了一份新的关于 Internet 地址分配的总清单，然而这份清单实际上是空白的。这一人为失误导致了 Internet 出现最严重的局部服务中断，造成数天之内网页无法访问，电子邮件也无法发送。

（2）2002 年遭遇攻击。

2002 年 10 月 21 日美国东部时间下午 4:45 开始，13 个根域名服务器遭受了有史以来最为严重的也是规模最为庞大的一次网络袭击。此次受到的攻击是 DDoS（Distributed Denial of Service），攻击借助于客户/服务器技术，将多个计算机联合起来作为攻击平台，对一个或多个目标发动攻击，从而成倍地提高拒绝服务攻击的威力。超过常规数量 30 至 40 倍的数据猛烈地向这些服务器袭来并导致其中的 9 个不能正常运行——7 个丧失了对网络通信的处理能力、2 个陷入瘫痪。

这次攻击对于普通用户来说可能感觉不到受了什么影响。如果仅从此次事件的“后果”来分析，也许有人认为“不会是所有的根域名服务器都受到攻击，因此可以放心”，或者“根域名服务器产生故障与自己没有关系”，但他们并不清楚其根本原因。

并不是所有的根域名服务器全部受到了影响，攻击在短时间内便告结束且手段比较单纯，因此易于采取相应措施。由于对 DDoS 攻击还没有什么特别有效的解决方案，设想一下如果攻击的时间延长或再稍微复杂一点，即使再多一个服务器瘫痪，全球互联网也将有相当一部分网页浏览以及邮件服务会彻底中断。

（3）2014 年 DNS 故障。

2014 年 1 月 21 日 15 时左右开始，全球大量互联网域名的 DNS 解析出现问题，一些知名网站及所有不存在的域名均被错误地解析指向 65.49.2.178。中国 DNS 域名解析系统出现了大范围的访问故障，包括 DNSPod 在内的多家域名解析服务提供商予以确认，此次事故波及全国，有近三分之二的网站不同程度地出现了不同地区、不同网络环境下的访问故障。

网络信息安全的整体框架可分为以下三个层面：

一是网络应用层的各项业务的信息安全——杀病毒，防木马，加固防火墙，主动防御网络攻击。不同国家的网络安全部门绝大部分是在做这方面的信息安全工作，许多信息安全主要是靠加密技术来支撑的。只要被有能力的黑客盯上，信息泄漏只是时间问题。

二是网络核心设备和终端设备，包括 CPU 核心芯片和 OS 操作系统/数据库都来自美国，这些设备的信息对美国和 NSA 来说就是透明的。

三是网络主权缺失造成的网络信息安全问题是全局性的问题。每一个通信 IP 地址下的每个比特全部受美国 Internet 根系统监控，全部数据由美国国安局进行大数据分析检查，然后存储归档，加密信息则视具体情况进行解密处理。

4．新一代互联网

2001 年，当时的中国信息产业部正式成立“十进制网络标准工作组”，2002 年成立“新一代安全可控信息网络技术平台总体设计”专家工作组，2007 年正式将 IPV9 定义为新一代互联网与 IPv6 相区分。

为突破未来网络基础理论和支撑新一代互联网实验，建设未来网络试验设施，主要包括原创性网络设备系统和资源监控管理系统，涵盖云计算服务、物联网应用、空间信息网络仿真、网络信息安全、高性能集成电路验证及量子通信网络等开放式网络试验系统。

2014 年 12 月，ISO/IEC 正式发布未来网络国际标准中《命名和寻址》和《安全标准》（见国家标准化管理委员会部函，标委外函[2014]46 号），其核心部分由中国专家主导，并且拥有核心知识产权。

2016 年 6 月 1 日，中国工业和信息化部发布 IPV9 在全国实施的相关行业标准：SJ/T11605、SJ/T11604、SJ/T11603、SJ/T11606。

这标志着经过二十年的研究开发，中国真正拥有了自主研发的成熟的 IPV9 母根、主根、N～Z 命名的 13 个根域名服务器系统、核心骨干路由器和用户路由器产品系列，已经开始建设拥有自主知识产权且独立于Internet之外但又兼容Internet的计算机通信网络。

十进制网络工作组开发的网络技术显著特点如下。

（1）增加了地域和国家概念。

由各国分布管理，就近解析、分布式解析，信息流向合理。根据需求可实现端到端的通信，不必像IPv4和IPv6一样受限，低成本、高效率，节约了网络开支，实现了绿色环保。

（2）实现电子标签与条码的统一。

IPV9巨大的地址容量实现了地址分配的唯一性，IP地址、数字域名与电子标签和条码编码技术的融合，将网络延伸到传感器技术所能达到的每一个角落。IPV9使条码具有与电子标签同样的上网功能，能够对流通商品及器材从生产厂开始进行全程跟踪控制。当RFID电子标签无线信道被干扰时，条码还能够识别。中国独有的条码与 RFID 电子标签混合技术将大大降低全球生产制造业和物流行业的管理成本。

（3）实现多码合一功能。

IPV9不仅使域名与IP地址合一，还可以实现人或物的全球唯一识别码合一，使电话号码、手机号码、域名及IP地址、IPTV、IP电话等合为一个号码；解决了电子标签与条码的同码上网，是真正面向未来信息社会和实现网络“无处不在”的解决方案及应用平台。

（4）实现实名制上网。

IPV9网络能够实现实名制上网，还可以有条件地保护用户的隐私权，单独开辟一定数量的匿名地址供访客使用，但从设计和技术上不容许匿名地址用户进入银行、政府、社会福利、商品流通等公共网络和信用网络。

（5）IPV9具有地址加密功能。

IPV9创新设计了地址加密，将安全保护延伸至网络层，极大地提高了信息安全性。

IPV9通信协议报文结构设计合理，报文项目功能明确，IPV9协议在地址空间、服务质量、安全性等方面的设计优于IPv4协议。IPV9协议在应用支持与网络设备支持成熟时，可以替代IPv4协议，成为网络互联的通信协议。

IPV9协议数据报文的地址表示方式与报文报头结构同IPv4或IPv6协议不同，所以IPV9协议的数据报文报头将不会被IPv4或IPv6系统识别，不会直接在这些系统中进行传播。因此，采用IPV9协议通信，其数据报文不会直接传播至其他协议的网络，这样就控制了数据的传播范围，在一定程度上提高了通信的安全性。

（6）目前的黑客攻击及网上窃听软件都是基于 IPv4 开发的。

IPV9 路由器及 V9 网卡对类似的窃听及黑客的攻击数据包不予放行，可对黑客攻击及网上情报的肆意窃取筑起长城。

1.4　十进制网络的产生

1．十进制网络与发明人

（1）十进制网络。

1998 年，中国研究员谢建平提出了十进制网络 IPV9，全名是“Method of using whole digital code to assign address for computer”，即“采用全数字编码为计算机分配地址的方法”。IPV9 是借用美国 IP 概念的一个“昵称”。为了与美国的 IPv4 和 IPv6 相区别， IPV9 中的“V”是大写英文字母，不是小写英文字母。这项专利涵盖了新型地址编码设计、新型寻址机制和新型地址架构设计三项技术，构成了建设一个新一代 IP 网络最底层的核心技术体系，在此基础上设计的全新框架，可以形成连接贯通、兼容覆盖既有网络（采用 IPv4 和 IPv6 技术的互联网）的体系架构。

美国政府权威机构于 2011 年就已经从法律和技术上确认，中国拥有 IP 框架下与美国现有互联网技术不同的、自主知识产权的网络核心技术。

（2）发明人简介。

谢建平，男，ISO/IEC JTC1/SO6 中国国家成员体专家，中国工业和信息化部“十进制网络标准工作组”组长，工业和信息化部“电子标签标准工作组数据格式组”组长、“新一代安全可控信息网络技术平台总体设计”专家组组长、ISO/C6 未来网络《命名和寻址》国家成员体中国专家兼主编。

目前获得的包括中国在内的多国专利多项，主要为《采用全数字码给上网的计算机分配地址的方法》《联网计算机用全十进制算法分配计算机地址的方法》《通过路由器或交换机实现可信网络连接的方法和装置》《将联网的计算机和智能终端的地址统一编制和分配的方法》《十进制数网关》《一种 IPV9/IPv4 NAT 路由器》《一种 IPV9 网站浏览器插件》《一种新一代 IPV9 路由器》《一种联网税控系统及其方法》《数字远程视频监控系统装置》等各种网络资源、终端设备、网络传输和信息平台专利等。

中国专家主导的十进制网络创造性地提出网络整体架构，研究并开发出具有中国自主知识产权的新一代互联网核心技术、大地址空间和核心资源，完成了母服务器与 13 个根服务器（N～Z）的开发及布置。

研究并开发出具有中国自主的知识产权和完善的物联网基础理论和不受制于人的核心技术和核心资源，建成了典型示范案例。

承担了 ISO/C6 未来网络《命名和寻址》《安全标准》项目，并代表中国国家成员体负责主编辑任务。主持并承担了 2010 年国家自然基金会“新一代网络字符路由器”的研究项目。

组织并起草了《用于信息处理产品和服务数字标识格式规范》《基于十进制网络的电子标签信息定位、查询与服务发现和应用》《基于互联网的电子标签信息查询与服务发现》《基于射频技术的用于商品与服务的代码域名规范》《射频识别标签信息查询服务网络架构技术规范》共 5 个国家标准。

在商务部的组织下，起草完成了《商务领域射频识别标签数据格式》（SB/T 10530—2009）、《数字域名规范》（SJ/T11271—2002），并实际应用于通信的诸多领域。

2．十进制网络专利申报过程

1998 年，基于十进制网络的相关技术申请中国发明专利及软件著作权，并先后获得了南非、土耳其、哈萨克斯坦、俄罗斯、韩国、朝鲜、加拿大、新加坡、澳大利亚、墨西哥、挪威等十多个国家和地区的专利授权。中国发明专利证书及作品登记证书如图 1.1 和图 1.2 所示。

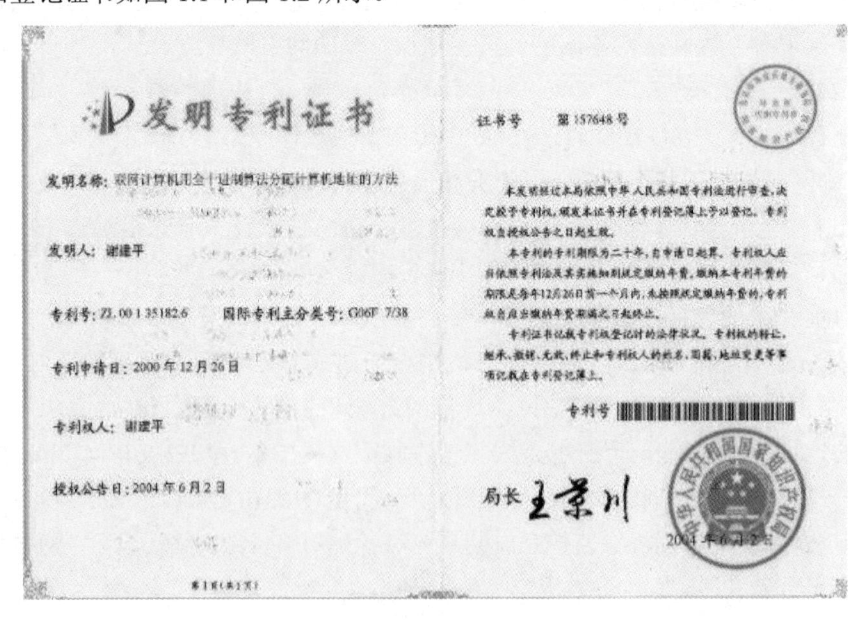

发明专利证书

发明名称：联网计算机用全十进制算法分配计算机地址的方法

发明人：谢建平

专利号：ZL 00 1 35182.6　　国际专利主分类号：G06F 7/38

专利申请日：2000 年 12 月 26 日

专利权人：谢建平

授权公告日：2004 年 6 月 2 日

证书号　第 157648 号

本发明经过本局依照中华人民共和国专利法进行审查，决定授予专利权，颁发本证书并在专利登记簿上予以登记。专利权自授权公告之日起生效。

本专利的专利期限为二十年，自申请日起算。专利权人应当依照专利法及其实施细则规定缴纳年费。缴纳本专利年费的期限是每年12月26日前一个月内。未按照规定缴纳年费的，专利权自应当缴纳年费期满之日起终止。

专利证书记载专利权登记时的法律状况。专利权的转让、继承、撤销、无效、终止和专利权人的姓名、国籍、地址变更等事项记载在专利登记簿上。

专利号

局长 王景川

2004 年 6 月 2 日

第 1 页（共 1 页）

图 1.1　十进制发明专利证书（中国）

© 作品登记证书

作品名称：IPV9 协议及其应用

作品类型：文字作品

作者：上海通用化工技术研究所

著作权人：上海通用化工技术研究所

作品完成日期：1999 年 1 月

作品登记日期：2001 年 10 月 16 日

根据国家版权局制定的《作品自愿登记试行办法》，我局对上述作品予以登记，作品登记号为：

作登字：09-2001-A-033 号

特发此证。

上海市版权局（章）

2001 年 10 月 16 日

图 1.2　IPV9 协议及应用作品登记证书

2004 年，IPV9 技术申请美国专利，先后被美国专利局发出七次“非最终驳回意见”“六次最终驳回意见书”，其间更是遭遇了美国 IETF 高级成员和美国著名 IT 公司的一再非议。2011 年 12 月，美国联邦专利与商标局正式发布编号为 US8,082,365 的专利证书，如图 1.3 和图 1.4 所示。并在其核准通知书中明确指出，申请人提供的鉴定报告“非常令人信服”。

The United States of America

The Director of the United States Patent and Trademark Office

Has received an application for a patent for a new and useful invention. The title and description of the invention are enclosed. The requirements of law have been complied with, and it has been determined that a patent on the invention shall be granted under the law.

Therefore, this

United States Patent

Grants to the person(s) having title to this patent the right to exclude others from making, using, offering for sale, or selling the invention throughout the United States of America or importing the invention into the United States of America, and if the invention is a process, of the right to exclude others from using, offering for sale or selling throughout the United States of America, or importing into the United States of America, products made by that process, for the term set forth in 35 U.S.C. 154(a)(2) or (c)(1), subject to the payment of maintenance fees as provided by 35 U.S.C. 41(b). See the Maintenance Fee Notice on the inside of the cover.

David J. Kappos

Director of the United States Patent and Trademark Office

图 1.3　十进制专利证书一（美国）

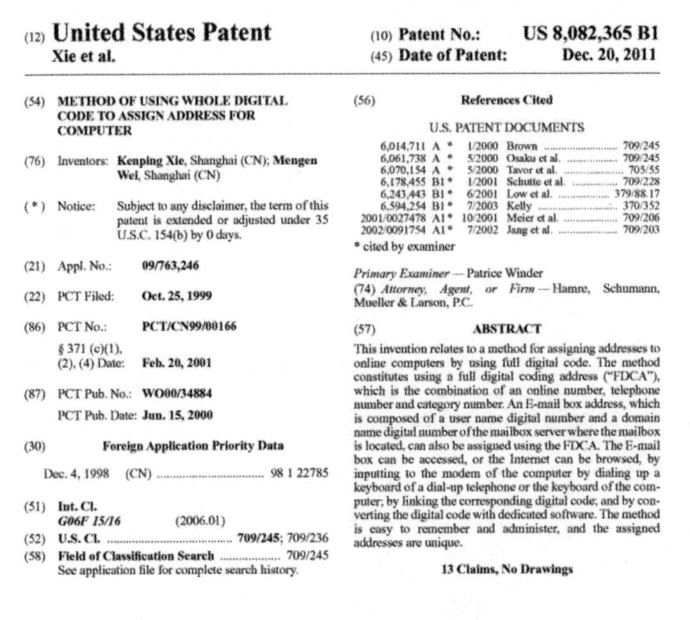
US008082365B1

(12) **United States Patent**
Xie et al.

(10) **Patent No.:** **US 8,082,365 B1**
(45) **Date of Patent:** **Dec. 20, 2011**

(54) **METHOD OF USING WHOLE DIGITAL CODE TO ASSIGN ADDRESS FOR COMPUTER**

(76) Inventors: **Kenping Xie**, Shanghai (CN); **Mengen Wei**, Shanghai (CN)

(*) Notice: Subject to any disclaimer, the term of this patent is extended or adjusted under 35 U.S.C. 154(b) by 0 days.

(21) Appl. No.: **09/763,246**

(22) PCT Filed: **Oct. 25, 1999**

(86) PCT No.: **PCT/CN99/00166**
§ 371 (c)(1),
(2), (4) Date: **Feb. 20, 2001**

(87) PCT Pub. No.: **WO00/34884**
PCT Pub. Date: **Jun. 15, 2000**

(30) **Foreign Application Priority Data**

Dec. 4, 1998 (CN) 98 1 22785

(51) **Int. Cl.**
G06F 15/16 (2006.01)
(52) **U.S. Cl.** **709/245**; 709/236
(58) **Field of Classification Search** 709/245
See application file for complete search history.

(56) **References Cited**

U.S. PATENT DOCUMENTS

6,014,711	A *	1/2000	Brown	709/245
6,061,738	A *	5/2000	Osaku et al.	709/245
6,070,154	A *	5/2000	Tavor et al.	705/55
6,178,455	B1 *	1/2001	Schutte et al.	709/228
6,243,443	B1 *	6/2001	Low et al.	379/88.17
6,594,254	B1 *	7/2003	Kelly	370/352
2001/0027478	A1 *	10/2001	Meier et al.	709/206
2002/0091754	A1 *	7/2002	Jang et al.	709/203

* cited by examiner

Primary Examiner — Patrice Winder
(74) *Attorney, Agent, or Firm* — Hamre, Schumann, Mueller & Larson, P.C.

(57) **ABSTRACT**

This invention relates to a method for assigning addresses to online computers by using full digital code. The method constitutes using a full digital coding address ("FDCA"), which is the combination of an online number, telephone number and category number. An E-mail box address, which is composed of a user name digital number and a domain name digital number of the mailbox server where the mailbox is located, can also be assigned using the FDCA. The E-mail box can be accessed, or the Internet can be browsed, by inputting to the modem of the computer by dialing up a keyboard of a dial-up telephone or the keyboard of the computer; by linking the corresponding digital code; and by converting the digital code with dedicated software. The method is easy to remember and administer, and the assigned addresses are unique.

13 Claims, No Drawings

图 1.4　十进制专利证书二（美国）

1.5　十进制网络的特点

1.5.1　十进制网络概念

1．十进制网络的定义

十进制网络（IPV9）是具有自主知识产权的，以全十进制数字码为基础，建立的 2^{256} 地址空间的网络空间主权，包括母根、主根、13 个根域名服务器，采用先验证后通信的零信任安全机制，兼容目前的互联网系统，具有与地理位置与 IP 地址空间重叠的未来互联网体系架构。

2．十进制网络的作用

十进制网络（IPV9）在兼容目前互联网所有功能的基础上，采用 TCP/IP/M 三层、四层混合架构，虚实电路混合，完成大码流视频数据传输，超大的地址空间可以为细胞、原子分配地址空间，是实现万物互联智能控制的基础，是未来数字世界的基石。

3. 十进制网络的特点

十进制网络（IPV9）的主要优点是自主可控，地址无限，分布式解析，速度快，安全；兼容 IPv4、IPv6，地理空间信息，国家号，地区号，手机号码等。

（1）自主可控。十进制网络具有自主知识产权。

（2）地址数量巨大。IPV9 不是 IPv4 和 IPv6 的升级，其地址数量在默认情况下为 2^{256}，而且是最简单的域名地址体系。

（3）十进制网络（IPV9）的分布式解析，速度快，延时少。截至 2018 年 6 月，中国有 2851 个县（区），如果在每个县（区）建设一个映射顶级域名服务器，本地访问就能在本地解决，达到速度快、延时少的高效率网络。

（4）安全。十进制网络（IPV9）采用先验证后通信的机制，保证了数据传输的安全可靠。

（5）兼容。兼容现在已有的网络，投入最少，保护前人的劳动成果。

（6）地理空间信息。域名中可以增加地理空间信息，准确确定位置信息。

（7）国家号、地区号、手机号码，可以自定义 IP。定义后告诉相关部门登记即可使用，便于记忆，便于识别。

1.5.2　十进制网络系统的特点

十进制网络分布式解析延时低，通信费用极低，兼容目前的互联网系统。

1. 独立的根服务器系统

中国十进制网络及数字域名的知识产权，基于《联网计算机用全十进制算法分配计算机地址的方法》（2004 年获中国专利授权）、《IPV9/未来网络 N 根域名服务器》和《CHN 国家顶级域名服务器》等著作权，以及《采用全数字码给上网的计算机分配地址的方法》（2001 年获中国专利授权），构成了十进制网络（IPV9）的地址空间、13 个根域名服务器、239 个国家和地区顶级域名服务器等全套系统的自主创新发明。

IPV9 母根、主根、子根、从根等全部根域名分配、管理、解析服务系统，包括全部的硬件和软件，都由我国自主控制。如欲实施网络监控、修改系统通信路由表、任意关闭网络地址、造成网络瘫痪等，理论上没有可能，技术难度极高。

IPV9 默认 256 位地址，可实现 2048 位地址，可两边压缩、循环使用，可像电话系统一样定长不定位、定位不定长，以减少和节省不必要的开销成本，提高效率，充分满足相当长时期内网络发展的需要。

与传统的 IPv4 和 IPv6 相比较，未来网络 IPV9 系统特点主要体现为：全新的体系结构、巨多的地址空间。IPv4 的地址长度为 32 位，即有 $2^{32}-1$ 个地址；IPv6 的地址长度为 128 位，即有 $2^{128}-1$ 个地址；但 IPV9 标准地址长度增加到了 256 位，即有 $2^{256}-1$ 个地址，可扩展为 2048 位。打个比方，如果 IPv6 被广泛应用以后，全世界的每一粒沙子都会有相对应的一个 IP 地址。而未来网络 IPV9 被广泛应用后，整个宇宙的明物质最小尺寸分子都会有对应的一个 IPV9 地址，因此 IPV9 全面应用后，全世界生物体系中每一个细胞和活体基因都可以分配到一个 IPV9 地址，真正地址数量巨大，不会出现地址枯竭的问题。

2. 数字域名系统

在数字域名系统中，IPv4 和 IPv6 是通过美国进行域名解析的，而十进制网络则是由各国设定的，避免了出现 IP 地址受限的情况，也使得国家对于域名的使用费用减少。十进制网络是根据《采用全数字编码为计算机分配地址的方法》这项发明专利发展而成的，具有自主知识产权，其引进了数字域名系统，可以通过十进制网络将原本的二进制地址转化成十进制文本，让网上的计算机相互连接，进行通信与数据传输，且可以与中英文域名相兼容。

十进制网络使用的数字域名技术，降低了网络管理难度，浩瀚的地址空间和新增加的安全机制，解决了现有的 IPv4 所面临的许多问题，它的自动配置、服务质量和移动性的支持等方面的优势也能满足将来各种设备的不同层次的需求。

3. 路由方面

IPv6 的路由表比 IPv4 更小。IPv6 的地址分配一开始就遵循聚类（Aggregation）的原则，这使得路由器能在表中用一条记录（Entry）表示一片子网，大大缩短了路由器中路由表的长度，提高了路由表转发数据包的速度。

十进制网络的路由表极小，地址分配一开始就遵循地理空间聚类的原则，这使得路由器中用一条记录就可以表示一个国家、地区或区域子网甚至一个应用子网，大幅度改善了路由器中路由表的清洁度，提高了路由表转发数据包的速度。同时这个子网可以表达一个特定的地理位置。

比如，分配给上海市的十进制网络地址段为 86[21[5]/96，那么在其他同级路由器中只要一条指向 86[21[5]/96 地址段的路由即可实现到上海全市的十进制网络地址路由。按照这个逻辑，国家和国家之间也只需要一条路由即可，如指向中国的路由为 86/64。IPv4 的路由表极大而且很不规则，IPv6 的路由表比 IPv4 小一些，但是 IPv6 的路由表不包含地理信息并且路由杂乱。

在路由方面，互联网规模的增长使得 IPv4 的路由表膨胀，网络路由的效率下降。十进制网络的出现解决了这一问题，对于路由优化的支持，提升了网络的运行效率。十进制网络在移动单元和代理之间建立隧道，然后将用作移动单元的“proxy”接收到的发往移动单元 home 地址的数据包通过此隧道将其中继到移动单元的当前位置，从而实现对网络终端移动性的支持。

4. 安全性

在安全性上，在物理层面想要破译十进制网络提出的加密技术是很难的，机密性能得到了显著提高。但是在网络信息安全层面，造成国内网络信息不安全的因素还有很多，根本原因在于 IPv4 和 IPv6 的根服务器在美国，在引进外国技术的同时，也具有信息暴露的风险。而十进制网络是拥有自主知识产权的互联网协议，可以给国家的信息安全带来很大的保障。

十进制网络的地址空间实现了端与端的安全传输，让人们使用的设备直接分配地址成为可能。IPv4 和 IPv6 都没有国家地理位置的概念，它的域名解析服务器大多在美国，而十进制网络提出了“主权平等”的概念，使每个国家都拥有自己的根域名系统，从而保障了各个国家在互联网上的主权与安全。

5. 地址自动配置

十进制网络加入了对不定长地址自动配置的支持，这是对十进制网络的 DHCP 协议的改进和扩展，使网络管理更加便捷，IPV9 支持组播，十进制网络支持 ISO/IEC C6 未来网络《命名和寻址》的 TCP/IP/M 模型，支持对虚实电路的长包码流。这使得网络上的多媒体应用保证了视频质量和减少了开销，对工业控制和无人驾驶等高速敏捷的应用有了长足发展的机会，为服务质量提供了良好的网络平台。

十进制网络地址长度有多种可选，可以实现 16、32、64、128、256、512、1024 位地址长度的变化，依据不同的使用场景选择最合适的地址长度，减少路由开销。

十进制网络地址可以嵌入地理位置信息，还可以嵌入个人和行业 ID 信息，可以做到 IP 地址与个人信息的唯一绑定。

十进制网络地址向下兼容 IPv4/IPv6 地址，为了吸取 IPv6 不兼容 IPv4 的升级难度，IPV9 协议原封不动地保留了 IPv4/IPv6 协议，从而使 IPv4/IPv6 升级到 IPV9 新版本，升级成本极低。

IPV9 与 IPv4、IPv6 技术参数比较如表 1.1 和表 1.2 所示。

表 1.1　IPv4&IPV9 对比

序号	IPv4	IPV9
1	地址位数：IPv4 地址总长度为 32 位（2^{32}-1 个地址）	地址位数：IPV9 地址标准长度为 256 位（2^{256}-1 个地址），是 IPv4 的 8 倍，资产地址长度为 1024 位，是 IPv4 的 32 倍
2	地址格式表示：点分十进制，不能压缩	地址格式表示：[ ]中括号十进制表示，带零压缩，可两边压缩
3	网络表示：掩码或长度前缀表示	网络表示：仅长度前缀表示，支持公知地理空间聚类
4	环路地址：127.0.0.1	环路地址：[7]1
5	公共 IP 地址	IPV9 公共地址为：可聚合全球地址位置单播地址
6	自动配置的地址（169.254.0.0/16）	链路本地地址：4269801472[0/64
7	包含广播地址	无广播地址，过渡期支持广播地址
8	未指明地址：0.0.0.0	未指明地址：[8]
9	域名解析：IPv4 主机地址（A）资源记录	域名解析：IPV9 主机地址（AAAAAAAA）资源记录
10	母根服务器空间：32 位（2^{32}−1 个地址）	母根服务器空间：已实现 256 位（2^{256}−1 个地址），设计目标 2048 位
11	根域名服务器命名：A 至 M　13 个英文字母	根域名服务器命名：N 至 Z——13 个英文字母
12	国家顶级域名：.CN	国家顶级域名：.CHN
13	逆向域名解析：IN-ADDR.APRA 域	逆向域名解析：IN-ADDR.APRA9 域
14	无兼容 IPv6 地址	兼容 IPv6 地址：y]y]y]y]x:x:x:x:x:x:d.d.d.d
15	无兼容 IPV9 地址	兼容 IPv4 地址：y]y]y]y]y]y]y]d.d.d.d
16	无过渡地址	过渡 IPv4 地址：[7]d.d.d.d 简写 J.J.J.J
17	无 IP 地址加密	有 IP 地址加密，可以实现源地址和目标地址的加密传输，根据需求已实现 IP 地址加密
18	地址长度固定 32 位	IPV9 地址长度可选 16、32、64、128、256、512、1024 位
19	不可以嵌入并显示公知地理位置信息	可以嵌入并显示公知地理位置信息
20	不支持 DHCP	IPV9 加入了对不定长地址自动配置的支持
21	不支持 ISO/IEC C6 未来网络《命名和寻址》TCP/IP/M 模型	支持 ISO/IEC C6 未来网络《命名和寻址》TCP/IP/M 模型
22	通信规则：先通信后验证	通信规则：根据需求已实现先验证后通信
23	网络模型：TCP/IP 四层模型	网络模型：TCP/IP/M 三层与四层混合模型
24	地址空间和文本表示著作权归属：美国	地址空间和文本表示著作权归属：中国

表 1.2　IPv6 与 IPV9 对比

序号	IPv6	IPV9
1	地址位数：IPv6 地址总长度为 128 位（$2^{128}-1$ 个地址）	地址位数：IPV9 地址总长度为 256 位（$2^{256}-1$ 个地址），是 IPv6 的 2 倍，资产地址长度为 1024 位，是 IPv6 的 8 倍
2	地址格式表示：冒号分十六进制表示，带零压缩，单边压缩	地址格式表示：[ ]中括号十进制表示，带零压缩，可两边压缩
3	网络表示：仅长度前缀表示，不支持公知地理空间聚类	网络表示：仅长度前缀表示，支持公知地理空间聚类
4	环路地址：：1	环路地址：[7]1
5	IPv6 公共地址：可聚合全球单点传送地址	IPV9 公共地址：可聚合全球地址位置单播地址
6	链路本地地址：（FE80：/64）	链路本地地址：4269801472[0/64
7	无广播地址	无广播地址，过渡期支持广播地址
8	未指明地址：（0: 0: 0: 0: 0: 0: 0: 0）	未指明地址：[8]
10	域名解析：IPv6 主机地址（AAAA）资源记录	域名解析：IPV9 主机地址（AAAAAAAA）资源记录
11	母根服务器空间：128 位（$2^{128}-1$ 个地址）	母根服务器空间：已实现 256 位（$2^{256}-1$ 个地址），设计目标 2048 位
12	根域名服务器命名：A 至 M　13 个英文字母	根域名服务器命名：N 至 Z——13 个英文字母
13	国家顶级域名：.CN	国家顶级域名：.CHN
14	逆向域名解析：IP6.INT 域	逆向域名解析：IN-ADDR.APRA9 域
15	无兼容 IPV9 地址	兼容 IPv6 地址：y]y]y]y]x:x:x:x:x:x:d.d.d.d
16	无兼容 IPv4 地址	兼容 IPv4 地址：y]y]y]y]y]y]y]d.d.d.d
17	无过渡 IPv4 地址	过渡 IPv4 地址：[7]d.d.d.d 简写 J.J.J.J
18	无 IP 地址加密	有 IP 地址加密，可以实现源地址和目标地址的加密传输，根据需求已实现 IP 地址加密
19	地址长度固定 128 位	IPV9 地址长度可选 16、32、64、128、256、512、1024 位
20	不可以嵌入并显示公知地理位置信息	可以嵌入并显示公知地理位置信息
21	支持定长 DHCP，不支持对不定长地址自动配置	IPV9 加入了对不定长地址自动配置的支持
22	不支持 ISO/IEC C6 未来网络《命名和寻址》TCP/IP/M 模型	支持 ISO/IEC C6 未来网络《命名和寻址》TCP/IP/M 模型
23	通信规则：先通信后验证	通信规则：根据需求已实现先验证后通信
24	网络模型：TCP/IP 四层模型	网络模型：TCP/IP/M 四层与三层混合模型
25	地址空间和文本表示著作权归属：美国	地址空间和文本表示著作权归属：中国

随着互联网的日益发展、上网人数的日益增多，IPv4 地址资源匮乏问题已成为制约其发展的瓶颈。无论从 IPv4 演进到 IPv6 还是推进到 IPV9，都要基于 IPv4 的成熟服务，支持协议的兼容性。在民用互联网中，IPv4 无疑是主流标准。而在军事网络和部分政府网络中，IPV9 可以提供一个安全、高效、稳定、可靠的网络环境，这将是网络发展追求的目标。

本 章 小 结

本章介绍了具有完全自主知识产权的十进制网络的产生与相关基础知识，进一步阐述了该网络不是现有互联网的升级，而是一个兼容现有互联网系统的全新网络体系。随着网络的普及与广泛的应用，网络安全受到政府的高度关注，互联网已不单单是一种网络技术或应用工具，而是上升到一个国家信息安全的战略高度。中国研究开发的十进制网络将以其显著特点，为人类未来发展奠定坚实的基础。

第 2 章　十进制网络体系结构

2.1　TCP/IP 体系结构

虽然 ISO 提出了开放式系统互连参考模型 OSI/RM，但它只是一个理论上的模型，由于其结构的复杂性和过多地从电信角度考虑，一直未能在市场上得到较好的应用，而 TCP/IP 却获得了广泛的实际应用。TCP/IP 是由美国国防部高级研究计划局 DARPA 开发的，在 ARPANet 上应用的一个协议。后来随着 ARPANet 发展成为 Internet，TCP/IP 也就成了事实上的工业标准。TCP/IP 实际上是由以传输控制协议（Transmission Control Protocol，TCP）和网际协议（Internet Protocol，IP）为代表的许多协议组成的协议集（协议簇）。

TCP/IP 体系结构分为四个层次。为便于理解，图 2.1 给出了 TCP/IP 的分层结构及其与 OSI 七层协议模型的对应关系，各层主要功能如下。

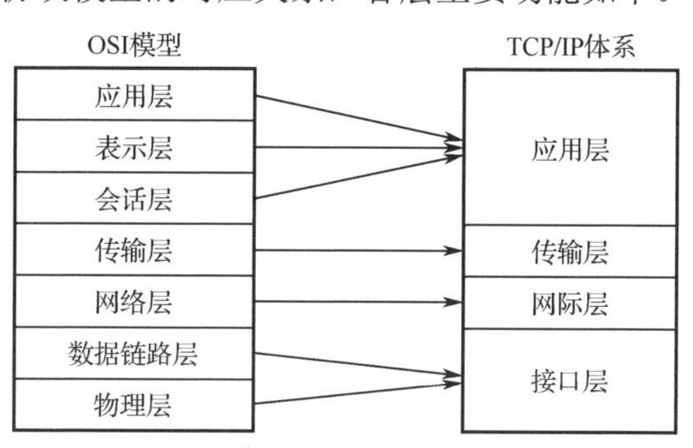

图 2.1　OSI 模型与 TCP/IP 体系结构的对应关系

1. 接口层

接口层（又叫访问层）负责把 IP 包发送到网络传输介质上，以及从网络传输介质上接收 IP 包。TCP/IP 设计独立于网络访问方法、帧格式和传输介质。通过这种方法，TCP/IP 可以用来连接不同类型的网络，包括局域网和广域网，并可独立于任何特定网络。接口层包括 OSI 模型中的物理层和数据链路层。

2. 网际层

网际层是整个体系结构的关键部分，它的功能是使主机可以把分组发往任何网络，并使分组独立地传向目的地。这些分组到达的顺序和发送的顺序可能不同，因此如需要按顺序发送及接收时，高层必须对分组排序。网际层定义了标准的分组格式和协议，即 IP。网际层的功能就是把 IP 分组发送到应该去的地方。选择分组路由和避免阻塞是该层要解决的主要问题。

3. 传输层

传输层（又称运输层）在 TCP/IP 模型中位于互连网络层之上，它的功能是使源端和目的端主机上的对等实体可以进行会话（和 OSI 的传输层一样）。但在 TCP/IP 的传输层中定义了两个协议：TCP 和 UDP。

传输控制协议（Transmission Control Protocol，TCP）是一个面向连接的协议，允许从一台计算机发出的字节流无差错地发送到互联网上的其他计算机。它把输入的字节流分成报文段，并传给网际层。在接收端，TCP 接收进程把收到的报文再组装成输出流。TCP 还要处理流量控制，以避免快速发送方向低速接收方发送过多报文而使接收方无法处理。

用户数据报协议（User Datagram Protocol，UDP）是一个不可靠的、无连接协议。它被广泛地应用于只有一次的用户—服务器模式的请求—应答查询，以及快速递交比准确递交更重要的应用程序，如传输语音或影像。IP、TCP 和 UDP 之间的关系如图 2.2 所示。这个协议体系出现以来，IP 已在很多其他网络上得到实现。

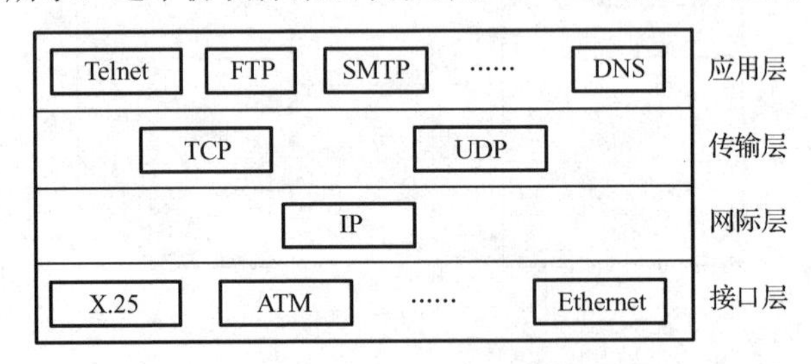

图 2.2　TCP/IP 分层协议簇关系

4. 应用层

应用层是一个面向用户的层次，为用户提供服务。应用层的功能相当于 OSI 的会话层、表示层、应用层三层所提供的服务。它包含所有的高层协议，如虚拟终端协议（TELNET）、文件传输协议（FTP）和电子邮件协议（SMTP）等。虚拟终端协议允许一台计算机上的用户登录到远程计算机上进行工作；文件传输协议（FTP）提供了一种有效地把数据从一台计算机移动到另一台计算机的方法。电子邮件最初仅是一种信息传输的方法，但是后来为它提出了专门的协议。这些年来又增加了不少协议，如域名系统服务（Domain Name Service，DNS）用于把主机名映射到网络地址，NNTP 协议用于传递新闻文章，HTTP 协议用于在互联网（WWW）上获取主页等。此外，还有些应用层协议有助于简化 TCP/IP 网络的使用和管理。例如，路由选择信息协议（RIP）是一种动态路由选择协议，用于自治系统（AS）内的路由信息的传递。在网络上，路由选择协议用于在 IP 网络上交换路由选择信息；简单网络管理协议（SNMP）用于在网络管理控制台和网络设备（路由器、网桥、智能集线器）之间选择和交换网络管理信息。

2.2　局域网体系结构

1. IEEE 802 标准

局域网只涉及相当于 OSI/RM 通信子网的功能。由于内部大多采用共享信道的技术，所以局域网通常不单独设立网络层。局域网的高层功能由具体的局域网操作系统来实现。

20 世纪 80 年代初期，美国电气和电子工程师协会（IEEE）802 委员会制订了局域网的体系结构，即著名的 IEEE 802 标准，许多 IEEE 802 标准已成为 ISO 国际标准。IEEE 802 局域网标准与 OSI/RM 的对应关系如图 2.3 所示，该体系结构包括 OSI/RM 最低两层（物理层和数据链路层）的功能，也包括网间互连的高层功能和管理功能。从图中可见，OSI/RM 的数据链路层功能在局域网参考模型中被分成媒介访问控制（Medium Access Control，MAC）和逻辑链路控制（Logical Link Control，LLC）两个子层。

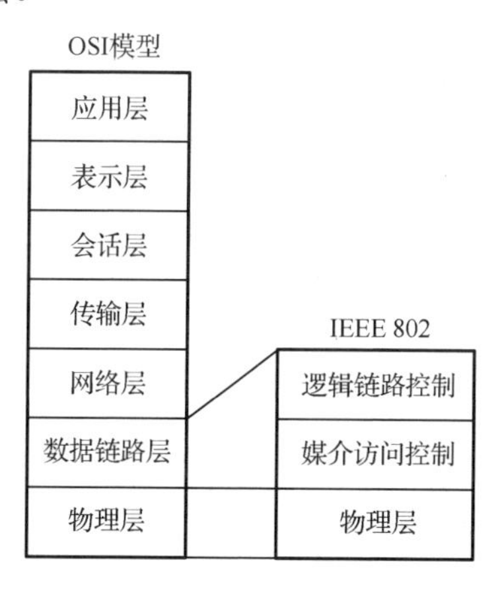

图 2.3　OSI 模型与 IEEE 802 结构对应关系

在 OSI/RM 中，物理层、数据链路层和网络层，使计算机网络具有报文分组转接的功能。对于局域网来说，物理层是必需的，它负责体现机械、电气和过程方面的特性，以建立、维持和拆除物理链路；数据链路层也是必需的，它负责把不可靠的传输信道转换成可靠的传输信道，传送带有校验的数据帧，采用差错控制和帧确认技术。

但是，局域网中的多个设备一般共享公共传输媒介，在设备之间传输数据时，要先解决由哪些设备占有媒介的问题。所以局域网的数据链路层必须设置媒介访问控制功能。由于局域网采用的媒介有多种，对应的媒介访问控制方法也有多种，为了使数据帧的传送独立于所采用的物理媒介和媒介访问控制方法，IEEE 802 标准特意把 LLC 独立出来形成单独子层，使 LLC 子层与媒介无关，仅让 MAC 子层依赖于物理媒介和媒介访问控制方法。

由于穿越局域网的链路只有一条，不需要设立路由器选择和流量控制功能，如网络层中的分级寻址、排序、流量控制、差错控制功能都可以放在数据链路层中实现。因此，局域网中可以不单独设置网络层。当局限于一个局域网时，物理层和数据链路层就能完成报文分组转接的功能。但当涉及网络互连时，报文分组就必须经过多条链路才能到达目的地，此时就必须专门设置一个层次来完成网络层的功能，在 IEEE 802 标准中，这一层被称为网际层。

各层的主要功能如下。

（1）物理层。

物理层的主要功能：信号的编码和译码；为进行同步用的前同步码的产生和去除；比特的传输和接收等。

（2）MAC 子层。

局域网中与接入各种传输媒介有关的问题都放在 MAC 子层，MAC 子层还负责在物理层的基础上实现无差错的通信。MAC 子层的主要功能是：MAC 帧的封装与拆卸；实现和维护各种 MAC 协议；比特差错检测；寻址等。

（3）LLC 子层。

数据链路层中与媒介接入无关的部分都集中在 LLC 子层，其主要功能是：数据链路的建立和释放；LLC 帧的封装和拆卸；差错控制；提供与高层的接口等。

2. IEEE 802 系列标准

IEEE 802 委员会制定了很多标准，这些标准之间的关系如图 2.4 所示，呈倒 L 型，图中每个方块代表一个标准文件。

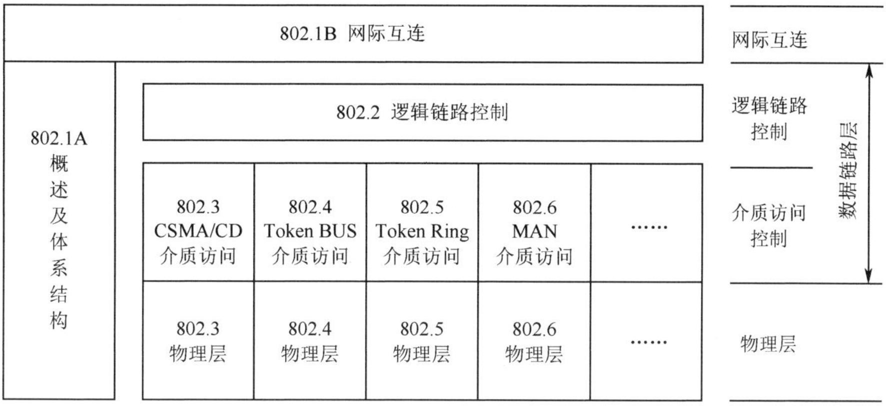

802.1B 网际互连

802.1A 概述及体系结构

802.2 逻辑链路控制

802.3 CSMA/CD 介质访问	802.4 Token BUS 介质访问	802.5 Token Ring 介质访问	802.6 MAN 介质访问	……
802.3 物理层	802.4 物理层	802.5 物理层	802.6 物理层	……

网际互连

逻辑链路控制

介质访问控制

数据链路层

物理层

图 2.4　IEEE 802 系列标准关系

IEEE 802 系列中的主要标准如下。

IEEE 802.1（A）：概述及体系结构。

IEEE 802.1（B）：寻址、网络管理和网际互连。

IEEE 802.2：逻辑链路控制。这是高层协议与任何一种局域网 MAC 子层的接口。

IEEE 802.3：CSMA/CD。定义 CSMA/CD 总线网的 MAC 子层和物理层的规约。

IEEE 802.4：令牌总线网。定义令牌总线网的 MAC 子层和物理层规约。

IEEE 802.5：令牌环型网。定义令牌环型网的 MAC 子层和物理层规约。

IEEE 802.6：城域网 WAN。定义 WAN 的 MAC 子层和物理层规约。

IEEE 802.7：宽带 LAN 技术。

IEEE 802.8：光纤技术。

IEEE 802.9：综合话音数据局域网。

IEEE 802.10：可互操作的局域网的安全。

IEEE 802.11：无线局域网。

IEEE 802.12：优先级高速局域网（100Mb/s）。

IEEE 802.14：电缆电视（Cable-TV）。

IEEE 802.15：短距离无线网络。

IEEE 802.16：宽带无线接入。

IEEE 802.17：弹性分组网。

2.3 十进制网络体系结构

目前世界上一共有四种通信方法，前三种分别是电报、电话及 IP 分组交换，第四种通信方法是电路和 IP 分组交换的混合方法（TCP/IP/M），是由中国十进制网络标准工作组提出的。前三种通信方法都是先通信后验证，因此本质上是一种不安全的通信方法；而中国提出的先验证后通信的方法，建立了新的安全通信方式，解决了未来网络安全通信的关键技术。

2.3.1 十进制网络概述

根据现有 TCP/IP 协议的缺点，提出了十进制网络（Future Network）IPV9 系统设计，在不影响现有四层网络传输的前提下用三层直接传输电话和有线电视数据，建立链路直到传输完成后才撤除链接的全新传输理论，在该系统框架的研究设计下，完成了系统整体设计，并对根服务器系统进行设计实现。

TCP/IP/M 是从网络底层结构上来解决三网融合（通信网、广电网、互联网）引起的高质量的实时媒体通信问题，从而给未来网络提供一个流畅、绿色环保的网络环境。新的网络模型（TCP/IP/M）可以实现未来网络的规划。

网络模型是通信网络的根本，所有硬件和软件的网络通信都依赖它。网络模型的设计可以从根本上改变网络结构，解决原有网络体系的不足，并能满足未来网络新的需求。考虑到对原有网络的兼容性，新的网络模型需要兼容现有的 TCP/IP 四层模型，同时能够提供更好的技术体系来实现未来网络。

未来网络必须产生一个全新的网络架构。该架构描述了未来网络模型的规划，包括概述、三/四层模型、同步时间差异、ARP、TCP/IP/M 协议簇。与 ISO/IEC JTC1/SC6 WG7 TR.FNPSR“未来网络：问题陈述和要求”是一致的，一个新的设计需要进行彻底分析、充分理解需求、精心策划和集体协调。

2.3.2 十进制网络基础概念

本网络框架采用下列术语和定义。

（1）电路（Circuit）。

“电路”是几个组件通过导线互相连接的，也称为可以形成闭合回路的网络。在电路里，任意组件可以以“支路”来代表，任意两条或两条支路相交处的任何一点称为“节点”。

（2）模拟电路。

自然界产生的连续性物理自然量，将连续性物理自然量转换为连续性电信号，运算连续性电信号的电路即称为模拟电路。

（3）数字电路。

数字电路又名逻辑电路，是一种将连续性的电信号转换为不连续性定量电信号，并运算不连续性定量电信号的电路。在数字电路中，信号大小为不连续并定量化的电压状态。多数采用布尔代数逻辑电路对定量后信号进行处理。典型数字电路有振荡器、寄存器、加法器、减法器等，来运算不连续性定量电信号。

（4）虚电路（Virtual Circuit）。

虚电路是在分组交换散列网络上的两个或多个端点站点间的链路。它为两个端点间提供临时或专用面向连接的会话。它的固有特点是，有一条通过多路径网络的预定路径。提前定义好一条路径，可以改进性能，并且消除了帧和分组对头的需求，从而增加了吞吐率。从技术上看，可以通过分组交换网络的物理路径进行改变，以避免拥挤和失效线路，但是两个端系统要保持一条连接，并根据需要改变路径描述。

（5）永久虚电路（Permanent Virtual Circuit）。

在用户主机之间建立虚拟的逻辑连接，并且保证在其上传送信包的正确性和顺序性，通信前后要进行虚电路的建立和拆除。永久虚电路是一种在网络初始化时建立的虚电路，并且该虚电路一直保持提前定义好的、基本上不需要任何建立时间的端点站点间的连接。

（6）交换虚电路（Switched Virtual Circuit）。

交换虚电路是端点站点之间的一种临时性连接。这些连接只持续所需的时间，并且当会话时电信局提供的分组交换服务允许用户根据自己的需要动态定义SVC。

（7）虚实电路（Virtual Real Circuit）。

一种通过同步时间差异从统计复合时分电路分离出多个时分电路的虚电路。

（8）未来网络缩略语。

FN：未来网络（Future Network）；

IMP：互联网混合协议（Internet Mixed Protocol）；

IP：互联网协议（Internet Protocol）；

MAC 地址：硬件地址（Media Access Control）；

TCP：传输控制协议（Transmission Control Protocol）；

UDP：用户数据包协议（User Datagram Protocol）；

SNMP：简单网络管理协议（Simple Network Management Protocol）；

SMTP：简单邮件传输协议（Simple Mail Transfer Protocol）；

FTP：文件传输协议（File Transfer Protocol）；

RPC：远程过程调用协议（Remote Procedure Call Protocol）；

ICMP：互联网控制报文协议（Internet Control Message Protocol）；

ARP：地址解析协议（Address Resolution Protocol）；

RARP：反向地址转换协议（Reverse Address Resolution Protocol）；

FDDI：光纤分布式数据接口（Fiber Distributed Data Interface）；

ATM：异步传输模式（Asynchronous Transfer Mode）；

TCP/IP：传输控制协议/网际协议，又称网络通信协议（Transmission Control Protocol/Internet Protocol）；

OSI：开放式系统互联（Open System Interconnect）；

QoS：服务质量（Quality of Service）；

MP：混合协议（Mixed Protocol）。

2.3.3 TCP/IP/M 体系结构

TCP/IP/M 是十进制网络模型架构，其保留了现有互联网的四层网络模型，同时又推出了新的三层网络模型。在十进制网络里，TCP/IP/M 可以利用四层模型实现常规数据的快速传输，也可以利用三层模型实现语音、视频、广播等的流畅通信，满足不同的需要。

四层的分组交换的协议结构与现有 TCP/IP 相似，但基于三层的虚拟电路交换与 TCP/IP 有本质上的不同。三层结构先建立复合时分虚电路，通过同步时间差异，为不同的时分电路预留好预定的带宽，同时所传的数据为基于面向连接的、可靠的、可实现不间断信息流。数据传输不是现有的分组交换，实质为电路传输，故称之为虚实电路。它是一个根据实际需求预建的传输电路通道，带宽独占且是固定的，不需要现有体系中的 QoS 来保证数据流的性能达到一定的水准。如在线观看电影，可根据预定的带宽无缝传输，省略了将电影分解成多个小包、组装数据、达到一定缓冲再播放的过程。三层/四层混合网络架构的设计彻底解决了语音质量、传输内容与带宽分配、分组传输与电路传输、路由选择的互容问题。其具体工作原理如图 2.5 所示。

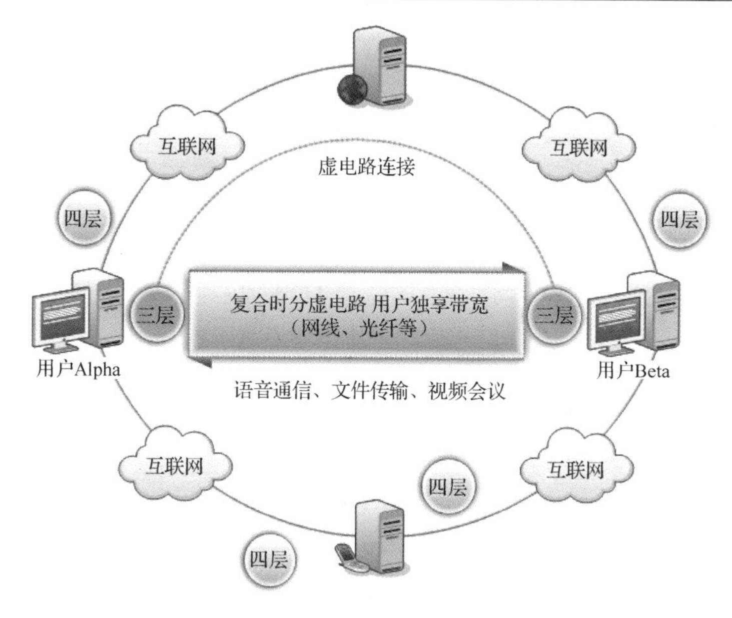

图 2.5　TCP/IP/M 原理图

1. 基本结构

目前的通信方式主要由电路传输和分组传输构成，而分组传输主要是 TCP/IP 协议，简称 IP。未来网络涉及数据传输和视频广播及语音通话的融合问题，为此未来网络用三层架构的虚实电路与 IP 传输的四层架构的融合体系能解决此问题，即三层架构用于视频广播及语音通话，而 IP 数据传输仍采用四层架构，如图 2.6 所示。

十进制网络模型特征：独特的双模网络层次结构，包括现有的互联网四层模型和新的三层模型。

将互联网传输的时分传输通过时间节点的错开形成复合时分差异，从而形成复合时分中的多通道虚电路，解决了同一统计时分电路的多层传输难题，可以实现在同一链路中按需分别传输分组包和电路数据，达到语音质量、传输内容与带宽分配、分组传输与电路传输、路由选择等内容在同一链路中通过时间差异达到分别传输的目的。

虚实电路概念的提出，彻底解决了现有高质量的视频、语音通信的难题。该架构向下兼容，未来网络和原有网络互联互通，能从原有网络平稳过渡到未来网络。复合时分差异电路传输结合了电路和分组交换的优点，从而适应未来网络高速、稳定节能、环保的需求。

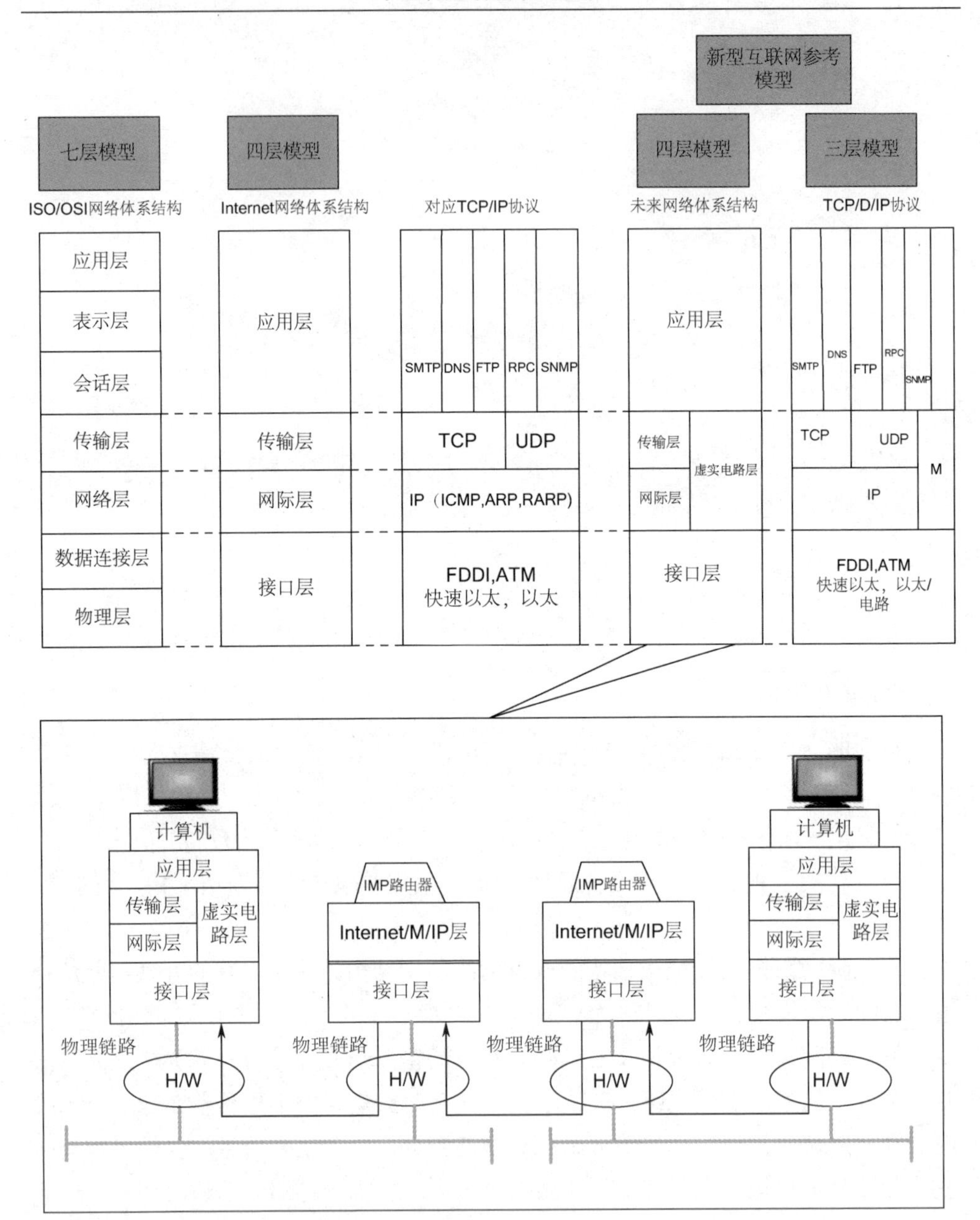

图 2.6　十进制网络模型

2．十进制网络数据传送

（1）TCP/IP 数据传送。

如图 2.6 所示的 TCP 协议堆栈中的数据流动情况：当应用程序使用 TCP（传输控制协议），数据在应用程序与 TCP 模块之间传递；当应用程序使用 UDP（用户数据报协议），数据在应用程序与 UDP 模块之间传递。FTP（文件传输协议）是使用 TCP 包的典型应用，这个例子的协议堆栈是 FTP/TCP/IP/ENET。SNMP（简单网络管理协议）是使用 UDP 的应用，这个例子的协议堆栈是 SNMP/UDP/IP/ENET。

TCP 模块、UDP 模块和以太网驱动程序是 n-to-1multiplexers（多路复用器）。作为多路复用器，它们复用许多输入到一个输出。它们也是 1-to-n-de-multiplexers（分路器），作为分路器，通过协议头从一个输入产生许多输出，如图 2.7 所示。

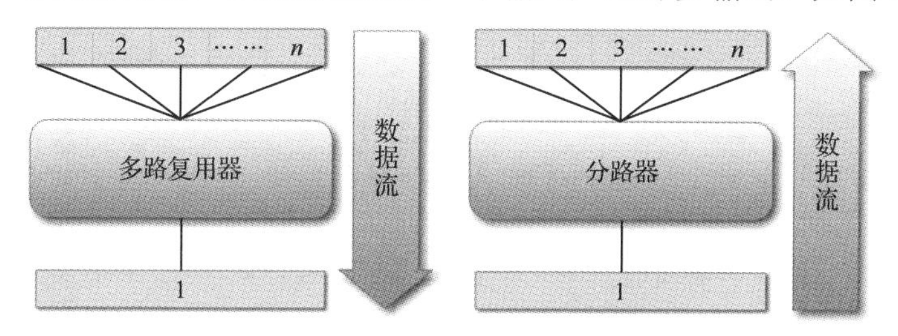

图 2.7　n-1 多路复用器和 1-n 分路器

如果以太网帧离开网卡进入以太网驱动程序，数据包能够向上传递给 ARP（地址解析协议）模块或 IP（网间协议）模块。以太网帧的字段属性决定了以太网帧是否被传递给 ARP 或 IP 模块。

如果 IP 报文进入 IP 包，它被向上传递到 TCP 或 UDP，由在 IP 头的字段属性决定。如果 UDP 报文进入 UDP，应用消息向上传递给网络应用程序，这是由 UDP 头的端口值决定的。如果 TCP 消息进入 TCP，应用消息向上传递给网络应用程序，这是由 TCP 头的端口值决定的。

向下复用很容易实现，因为从每一个开始点只有一条向下的路径；每个协议模块增加它的头信息从而使数据包能够在目的计算机上被分开。

从应用程序出来的数据通过 TCP 或者 UDP 复合到 IP 模块，然后被送到更低层。

尽管互联网技术支持许多网络媒介，在这里使用的例子都是以太网来讨论的，因为以太网是基于 IP 的最常见物理网络。在图中的计算机有唯一的以太网连接。物理地址对每一个在以太网的接口是唯一的，它们被存储在以太网驱动程序的底层接口中。

（2）M 数据传送。

新的混合协议（M）无须 TCP/IP 协议，它的数据传送是一条通道，没有复用和分路的概念。M 和 TCP/IP 数据通过 IP 报头信息区分，分送到不同的协议进行处理。

3. 网络接口

如果一台计算机和两个独立的以太网连接，连接如图 2.8 所示。

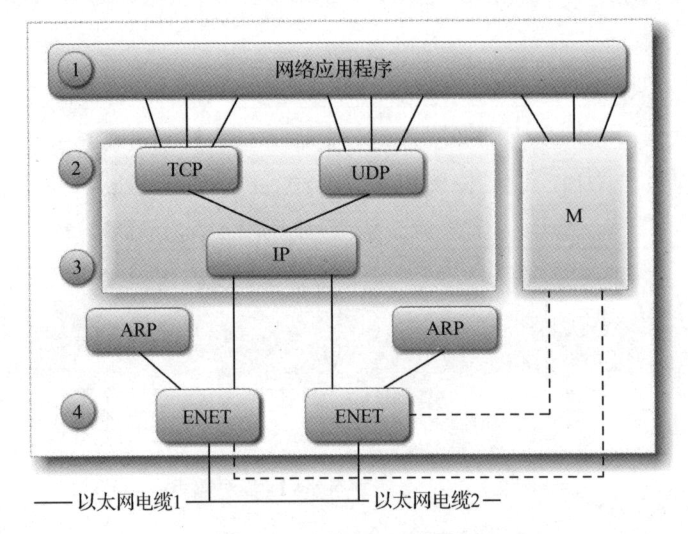

图 2.8　TCP/IP/M 两个网络接口

此时计算机有两个物理地址和两个 IP 地址。从图 2.8 的结构中可以发现计算机有多于一个的物理网络接口，那么 TCP 模型中的 IP 模块就是 n-to-m 复用器和 m-to-n 分路器的结合，如图 2.9 所示。

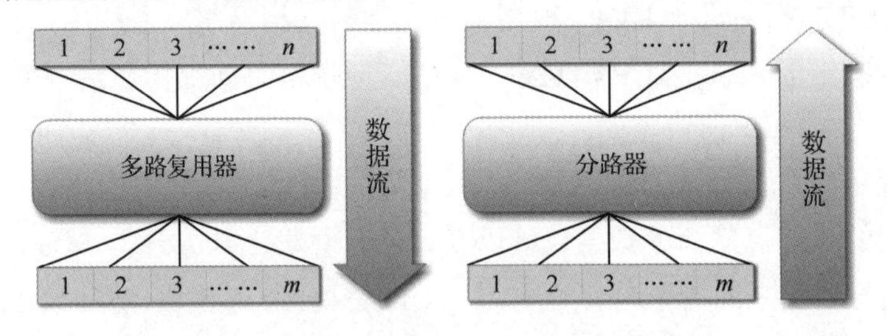

图 2.9　TCP *n-m* 多路复用器和 *m-n* 分路器

从图中可以看出，这种多路技术可以从任意的方向接收和发送数据，有一个以上网络接口的 IP 模块比最初的把数据从一个网络送到另一个网络的例子要复杂得多，数据可以从各个网络接口传过来也可以被送向网络，如图 2.10 所示。

对于四层模型，发送 IP 包到另一个网络的过程叫作传递 IP 包，一台专门用来传递 IP 包的计算机叫作“路由器”。就如从图 2.10 中看到的一样，在路由器上传递的 IP 包不涉及 TCP 和 UDP 模块，一些路由器执行时不要 TCP 或 UDP 模块。

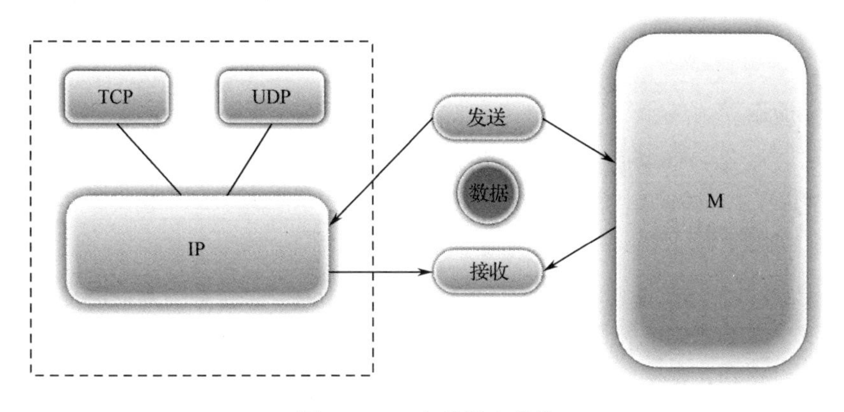

图 2.10　IP 包发送和接收

IP 模块是 Internet 技术成功的关键，当消息向下通过协议栈时每一个模块或驱动程序加上自己的头到消息中去。当消息沿协议栈向上传时，每一个模块或驱动程序从消息中去掉相应的头。IP 头包含了用以从许多物理网络中区分唯一的逻辑网络的 IP 地址，互相连接的物理网络是 Internet 的组成部分，这些互相联络的物理网络就构成了 Internet。

对于三层模型而言，任何计算机之间只传输 M 包。TCP/IP/M 三/四层模型如图 2.11 所示。

<table>
<tr><td>七层模型</td><td>四层模型</td><td colspan="2">FN三/四层模型</td><td colspan="7">FN协议簇</td></tr>
<tr><td>OSI</td><td>TCP/IP</td><td colspan="2">TCP/IP/M</td><td colspan="7">TCP/IP/M协议簇</td></tr>
<tr><td>应用层</td><td rowspan="3">应用层</td><td colspan="2" rowspan="3">应用层</td><td rowspan="3">HTTP</td><td rowspan="3">FTP</td><td rowspan="3">Telnet</td><td rowspan="3">SMTP</td><td rowspan="3">SNMP</td><td rowspan="3">DNS</td><td rowspan="3"></td></tr>
<tr><td>表示层</td></tr>
<tr><td>会话层</td></tr>
<tr><td>传输层</td><td>传输层</td><td>传输层</td><td rowspan="2">虚实电路层</td><td colspan="4">TCP</td><td colspan="2">UDP</td><td rowspan="2">M</td></tr>
<tr><td>网络层</td><td>网际层</td><td>网际层</td><td colspan="6">IP（ARP、RARP、ICMP）</td></tr>
<tr><td>数据链路层</td><td rowspan="2">接口层</td><td colspan="2" rowspan="2">接口层</td><td rowspan="2">以太网</td><td rowspan="2">令牌环网</td><td rowspan="2">FDDI</td><td rowspan="2">ATM</td><td colspan="2" rowspan="2"></td><td rowspan="2"></td></tr>
<tr><td>物理层</td></tr>
</table>

图 2.11　TCP/IP/M 参考模型

TCP/IP 参考模型分为四个层次：应用层、传输层、网际层和接口层。新的 TCP/IP/M 参考模型分为三个层次：应用层、虚实电路层和接口层，将传输层、网际层合并为虚实电路层。这是 TCP/IP 协议的分层结构在互联网计算机上的表示，用互联网技术通信的每台计算机都有这样的分层结构。这样的分层结构决定了计算机在 Internet 上通信的方式。数据通过这样的分层结构从上层传到底层，然后通过网线把数据传送出去。

4．各层的主要功能

（1）应用层。

应用层对应 OSI 参考模型的高层，为用户提供所需要的各种服务，如 FTP、Telnet、DNS、SMTP 等。

（2）传输层。

传输层对应 OSI 参考模型的传输层，为应用层实体提供端到端的通信功能。该层定义了两个主要的协议：传输控制协议（TCP）和用户数据报协议（UDP）。

TCP 协议提供的是一种可靠的、面向连接的数据传输服务；而 UDP 协议提供的是不可靠的、无连接的数据传输服务。

（3）网际层。

网际层对应 OSI 参考模型的网络层，主要解决主机到主机的通信问题。该层有四个主要协议：网际协议（IP）、地址解析协议（ARP）、反向地址解析协议（RARP）和互联网控制报文协议（ICMP）。

IP 协议是网际互联层最重要的协议，它提供的是一个不可靠的、无连接的数据报传递服务。

（4）接口层。

接口层与 OSI 参考模型中的物理层和数据链路层相对应。事实上，TCP/IP 本身并未定义该层的协议，而由参与互连的各网络使用自己的物理层和数据链路层协议，然后与 TCP/IP 的接口层进行连接。

（5）虚实电路层。

交换虚电路（Switched Virtual Circuit，SVC）是一类需要时动态设置的虚拟电路。一个 SVC 概念上能够换算到一个拨号连接。虚电路与实电路对应，是指数据传输时对于物理链路的占用分配方式；而分组交换则是指数据传输的格式问题。电路交换特点如下：

① 采用静态分配策略，经面向连接建立。

② 通信双方建立的通路中出现故障时，可重新拨号建立连接。

③ 线路的传输有固定的带宽，可摆脱不稳定的数据传输。

④ 不需要拆包、组包，传输效率更高。

目前，虚电路传输的仍是一种分组数据，而非真正的电路交换。

报文交换：采用存储转发技术，基于标记，在传输数据之前可不必先建立一条连接。因此，分组交换具有高效、灵活、可靠、迅速等优点，但传输时延较电路交换较大，不适用于实时数据的传输。

分组交换：对应无连接的服务，传递数据前不需要建立连接，每个分组选择的路线都可能不同，适合传递少量数据，可靠性不高。

虚实电路交换：结合虚电路和实电路的优点，三层结构先建立复合时分虚电路，为不同的时分电路预留好预定的带宽，通过复合时分方法，实现采用虚电路建立连接，用实电路的方法传输数据。

5．虚实电路、虚电路、数据报对比（见表 2.1）

表 2.1　虚实电路、虚电路、数据报对比表

对 比 参 数	虚 实 电 路	虚 电 路	数 据 报
传输方法	复合时分电路	统计时分电路	统计时分电路
传输内容	电路数据、分组包数据	分组包数据	分组包数据
同步时间	不同步	同步	不同步
连接的建立	必须有	必须有	不要
备份虚电路	必须有	没有	没有
目的站地址	仅在连接建立阶段使用，一个电路数据使用一个短的虚电路号	仅在连接建立阶段使用，每个分组使用短的虚电路号	每个分组都有目的站的全地址
路由带宽选择	一旦带宽确定一般不更改	只在第一路由器选定，其他路由器无法确定第一路由器选定的带宽	只能根据路由带宽决定
拥塞控制	没有，一路畅通	有，但效果不好	随机堵塞
网络结点存储空间	没有，不需要	8Byte	15Byte
传输质量	好	一般	差
传输成本	低	一般	高
传输效率	高	不高	差
路由选择	在虚实电路连接建立时进行，所有电路数据均按同一路由同一带宽传输，并有一个以上备份路由	在虚电路连接建立时进行，所有分组均按同一路由发送，但会有堵塞现象不能保证传输质量	每个分组独立选择路由
当路由器出故障	所有通过了出故障的路由器的虚电路均可由备份路由进行工作	所有通过了出故障的路由器的虚电路均不能工作	出故障的路由器可能会丢失分组，一些路由可能会发生变化
分组的顺序	虚实电路没有分组包传输，但分组数据可以按虚电路 QoS 和数据报定义发送	总是按发送顺序到达目的站	到达目的站时可能不按发送顺序

续表

对比参数	虚实电路	虚电路	数据报
电路数据传输	可以传输电路的数据，但第一路由的路由器出故障，第二路由会将电路数据按发送顺序到达目的站，但分组数据可以按虚电路 QoS 和数据报定义发送	没有电路数据传输体系	没有电路数据传输体系
端到端的差错处理	由通信网负责，但 QoS 数据报由通信子网负责，数据报由主机负责	由通信子网负责	由主机负责
端到端的流量控制	由通信网负责，但 QoS 数据报由通信子网负责，数据报由主机负责	由通信子网负责	由主机负责

2.3.4 三层和四层模型的融合

考虑到网络的平稳过渡和对传统网络的兼容，十进制网络模型同时包括了四层和三层混合模型。那么，三层模型和四层模型的共存和触发机制是个重要的问题，需要让应用程序通知网络框架什么时候传输 IP 包和什么时候传输 M 数据，同时网络框架可以分别使用不同的网络模型来处理和传输数据。完美的场景就是一台计算机和另一台计算机之间的通信可以是 IP 包和 M 数据，如图 2.12 所示。

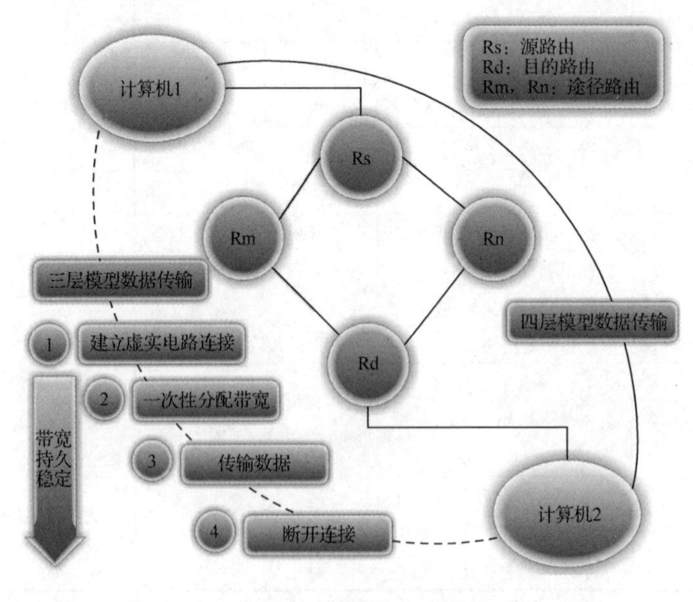

图 2.12　三/四层模型的融合

1. TCP/IP/M 协议簇

TCP 和 UDP 提供不同的服务，大部分的应用程序只用其中的一个。如果需要可靠的数据传送，TCP 可能是最佳的选择了；如果需要数据包服务，UDP 是最佳的；如果需要高效的长的通路，TCP 可能是最佳的；如果需要快的网络反应时间，UDP 可能是最佳的。如果不想分类，则“最佳”的选择就是模糊的。然而，应用程序能够弥补选择上的不足。举个例子，如果选择 UDP 的同时又需要可靠性，则在应用程序上加上可靠性就可以了。如果选择 TCP 需要标记的服务，那么应用程序必须在字节流里加入标记。

网络应用程序的数目是连续增长的。自从 Internet 技术开始推广就有一些应用程序了：TELNET 和 FTP。其他的是较新的：X-WINDOWS 和 SNMP。下面是一些网络应用程序的简要说明。

① TELNET。TELNET 提供远端登录服务，它的操作和外形与电话拨号是相似的，在命令行上用户输入：“TELNET DELTA”就会收到从“delta”发来的登录提示。

② FTP（文件传送协议）。FTP 是与 TELNET 一样的网络应用程序，也有广泛的应用。从操作来看好像登录上了远端的计算机。但是必须用特殊的命令取代习惯上的命令。FTP 命令允许在两台计算机之间复制文件。

③ RSH。远端 shell（rsh 或者 remsh）是全部远端 UNIX 类型命令族中的一个。UNIX 复制命令--CP，变成了 RCP。UNIX 命令“谁在登录”WHO 变成了 RWHO。这个系列都被变成了“R”系列命令。

R 命令主要工作在 UNIX 系统及被设计成在互相信任的主机间操作。安全性很少被考虑，但是提供了方便的用户环境。

如果在一台远端叫作 delta 的计算机上执行命令“cc file.c”，输入“rsh delta cc file.c”，复制文件到 delta 上，输入“rcp file.c delta”。为了登录 delta，输入“rlogin delta”。在某种特定的方式上管理这台计算机将不会有登录提示。

④ NFS（网络文件系统）。NFS 是由美国 SUN 公司开发的，它使用 UDP，在不同的计算机之间上载 UNIX 系统文件是很出色的。一个无磁盘的工作站通过存取服务器的硬盘就好像磁盘是本地的。在主机“alpha”上的单一的数据库同样能被主机“beta”使用，只要数据库文件用 NFS 上载到“beta”上。

NFS 加入大量的信息给网络，从而使连接的速度很慢，但是它的优点是突出的。NFS 客户端在内核执行，允许使用 NFS 的磁盘，如同在本地一样。

⑤ SNMP（简单网络管理协议）。SNMP 使用 UDP，被设计成由中心网络点

来管理。它很智能，如果给它足够的数据，网络管理员就能够发觉和诊断网络问题。中心点用 SNMP 从网上的计算机收集数据。SNMP 定义了这种数据的格式，由中心点或网络管理员来解释这种数据。

⑥ X-Window。X-Window 系统并不是一个软件，而是一个协议（protocal），这个协议定义一个系统产品所需具备的功能，任何系统能满足此协议及符合 X 协会其他的规范，便可称为 X，它能够用来设计用户界面。

2．传输层协议

（1）UDP（用户数据报协议）。

UDP 是在 IP 层之上的两个主要协议之一。它提供用户网络应用程序的服务，用到 UDP 的网络应用程序有 NFS（网络文件系统）和 SNMP（简单网络管理协议）。UDP 服务只是在 IP 的基础上加了少许一点。

UDP 是无连接的数据报服务，没有丢失检测。UDP 不与远端的 UDP 模块保持点到点连接，它仅仅把包发送出去而不管有没有丢失和接收来自外面的数据包。

UDP 在 IP 的基础上加了两个属性，一个是端口号，另一个是检查数据完整性的校验和。

① 端口号。UDP 和应用程序之间的通信路径是通过 UDP 端口的。这些端口是用数字表示的，从 0 开始。提供服务的应用程序用特定的端口号等待消息的进入。服务器不间断扫描客户端的请求服务。

例如，SNMP 总是在端口 161 上等待消息。每台计算机只能有一个 SNMP 代理，因为只有一个 UDP 端口号 161。这个端口号是众人皆知的，它是固定的，是网络分配的唯一的号。如果 SNMP 客户请求服务，则它会发送 UDP 包到目的计算机的端口 161。

当应用程序发送 UDP 包，则远端收到的是一个单元。比如，应用程序发了 5 个 UDP 包，则远端就读取 5 次。当然，发的 5 个包和读取的 5 个包的大小是相等的。

UDP 保存每一个完整的包，它不会将两个应用程序消息封装在一块，也不会将一个包拆成两个。

② 校验和。在 IP 头域里显示“UDP”的 IP 包被送到 UDP 模块。当 UDP 模块收到 UDP 包时将要检查它的校验和。如果它的校验和为 0，则意味着在发送端校验和没有被计算，可以忽略。因此发送端的计算机的 UDP 包产不产生校验和没关系。如果数据帧在一个网络的两个 UDP 模块间通信，则不需要产生校验和。但是推荐使用校验和是因为路由表的改变可能导致数据通过不可靠的媒介。

如果校验和是正确的或为 0，目的端口就会检查它。UDP 包传向这个端口，排队等待应用程序处理它，否则 UDP 包就会被丢弃。如果 UDP 包到达的速度比应用程序能够处理的速度快或者等待的 UDP 包把队列排满，UDP 包就会被丢弃。UDP 模块会一直丢弃 UDP 包直到队列有多余的空间。

（2）TCP（传输控制协议）。

TCP 提供与 UDP 不同的服务，TCP 提供有连接的比特流，不同于无连接的数据报服务。TCP 保证可靠传输，而 UDP 不保证。

TCP 被网络应用程序调用时保证可靠传输和不能有超时和误传。两个典型的网络应用程序是 FTP（文件传送协议）和 TELNET。其他的流行的 TCP 网络应用程序包括 X-Window 系统、scp（远程复制）和 series commands。TCP 的强大功能是要付出代价的，它需要更多的 CPU 和网络带宽。TCP 模块的内部比 UDP 模块要复杂得多。

与 UDP 相似，网络应用程序和 TCP 端口连接。特定的端口号对应特定的应用程序。比如，TELNET 服务器使用端口 23，其客户端只能通过连接特定计算机上的端口 23 才能成功。

当应用程序通过 TCP 启动，在客户端的 TCP 模块和在服务器端的 TCP 模块互相通信，这样两个端点的 TCP 模块构成了虚拟的电路，这个虚拟电路消耗两端的资源，虚拟电路是双向的，数据能够同时向两个方向传送。应用程序把数据写到 TCP 端口，数据通过网络由远端的应用程序控制。

TCP 包可以分成任意大小，包与包之间没有界限。比如，如果应用程序给 TCP 端口发了 5 次，远端的应用程序也许要读 10 次，或者它只读一次。在一端写的次数和大小与另一端读的次数和大小是没有关联的。

TCP 是一个有超时和重发的滑动窗口协议。发出去的包必须得到远端的确认。确认信息可以携带在数据包上。两个接收端能够控制远端，从而防止缓冲器溢出。

对于所有的滑动窗口协议，有一个窗口的大小，窗口的大小决定了在收到确认信息以前可以发送的总的数据。对于 TCP，这个数量不是 TCP 段的数量而是字节的数量。

（3）IP 协议。

IP 网际协议是 TCP/IP 的核心，也是网络层中最重要的协议。

IP 层接收由更低层（网络接口层）发来的数据包，并把该数据包发送到更高层——TCP 或 UDP 层；相反，IP 层也把从 TCP 或 UDP 层接收来的数据包传送到更低层。IP 数据包是不可靠的，因为 IP 并没有做任何事情来确认数据包是按顺序发送的或者没有被破坏。IP 数据包中含有发送它的主机的地址（源地址）和接收它的主机的地址（目的地址）。

高层的 TCP 和 UDP 服务在接收数据包时，通常假设包中的源地址是有效的。也可以这样说，IP 地址形成了许多服务的认证基础，这些服务数据包是从一个有效的主机发送来的。IP 确认包含一个选项，叫作 IP-source-routing，可以用来指定一条源地址和目的地址之间的直接路径。对于一些 TCP 和 UDP 的服务来说，使用了该选项的 IP 包好像是从路径上的最后一个系统传递过来的，而不是来自它的真实地点。这个选项是为了测试而存在的，说明了它可以被用来欺骗系统，平常是被禁止的连接。那么，许多依靠 IP 源地址做确认的服务将产生问题并且会被当作非法入侵。

2.3.5 十进制网络系统

作为十进制网络概念之一的 IPv9（小写英文 v，RFC1606、RFC1607）协议，IETF 于 1994 年提出了 IPv9 的一些基本构想，并展望了 21 世纪网络的设想，如地址长度由原来的 32 位扩展到 2048 位的长地址、直接路由的假设，将原来路由器类的地址寻址方法改为 42 层路由的寻址方法，但由于没有基础理论的研究成果，地址穷尽分层的技术问题及因研发成本高及知识产权等因素公开宣告失败。IPv9 工作组于 1997 年解散，没有取得任何知识产权与专利成果。

中国学者在受到 IPv9 的启示后，组建新一代网络工作专家团队，以《十进制给上网的计算机分配 IP 地址的方法》专利为基础，经过二十年的研究开发，完成了新一代网络系统的开发，其理论和实践中已体现出了新颖性及原创性，未来网络 IPV9 经历了设想、理论、模型、样机、小规模试用、示范工程实施的阶段，从 2001 年 9 月开始，由当时的中国信息产业部逐步成立“十进制网络标准工作组（又称 IPV9 工作组）”“新一代安全可控网络专家工作组”“电子标签工作组数据格式组”等，联合组织国内外企业和研究机构及大专院校，制定具有自主知识产权的 IPV9（为区别于原 IPv9 系统，采用大写英文 V 标记）协议的数字域名等技术标准；2016 年 6 月，工业和信息化部公告批准 IPV9 体系的 4 个标准，经过各方面的努力，中国国产自主可控的 IPV9 系统母根服务器、主根服务器、以英文 N～Z 字母命名的 13 个根域名服务器均已研制完成，成为世界上第二个拥有独立自主分配 IP 地址、“三字符”国家顶级域名、“区域码或数字码”全数字域名系统、巨大 IP 地址资源的国家。

IPV9 系统总体拓扑结构示意如图 2.13 所示。

现有 TCP/IP 协议的常规数据包交换不支持真正的实时应用和电路交换及在四层协议中采用电路传输声音或图像等应用。此外，现有 TCP/IP 协议是无连接、不可靠的数据包协议，最长包为 1514 字节。随着语音、图像、数据三网融合的需求，建立新的网络理论基础成为当务之急。IPV9 设计的目的是避免现有 IP 协议的大规模更改所导致下一代互联网向下兼容。设计的主要思想是将 TCP/IP 的 IP 协议与电路交换相融合，利用兼容两种协议的路由器，设计者构想能够通过一系列的协议，使得三种协议（IPv4/IPv6/IPV9）的地址能够在互联网中同时使用，逐步替换当前的互联网结构，而对当前的互联网不产生太大的影响。IPV9 由于设计的合理性，已经得到 ISO 及国际互联网协会的认可。

（1）十进制网络层次体系。

十进制网络体系采用三层电路/四层分组的混合网络架构，采用基于安全的先验证后通信规则、地址加密、短至 16 位长达 2048 位地址空间、资源预留、虚实电路、字符直接路由可不解析的通信网络传输模式，由中国率先提出并已形成了示范工程。

（2）十进制网络连接方式。

十进制网络的 TCP/IP/M 协议，除了继承现有的 TCP/IP 协议无连接、不可靠的数据包协议之外，还研发了绝对码流及长流码类，长包可达数十兆以上，可在不影响现有四层网络传输的前提下，用三层直接传输电话和有线电视数据，建立链路后直到传完才撤除的全新传输理论的四层/三层混合传输协议。

十进制网络自动分配接入系统，系统以 OpenVpn 架设虚拟专网，IP Tunnel 完成 9over4 数据传输，TR069 作为控制协议推送数据到终端，最终实现从 IPv4 子网到 IPV9 传输。实现在不同个人和企业之间路由，也可以实现从企业到骨干路由之间的传输。采用 OpenVpn 穿透子网形成专有虚拟网络，并在虚拟网络的基础上实现 IP Tunnel 完成 9over4 的数据传输，并可在路由器实现 4to9/9to4。在虚拟专网里，采用 TR069 协议推送自动分配的个人地址/手动分配的企业地址，同时自动推送个人或企业的 4to9 路由到设备路由器。

十进制网络管理系统是一套基于 Web 界面的提供网络监视及其他功能的综合性网络管理系统，它能监视各种网络参数及服务器参数，保证服务器系统的安全运营；同时支持 IPv4 和 IPV9 两套协议，并提供灵活的通知机制，让系统管理员快速定位并解决存在的各种问题。

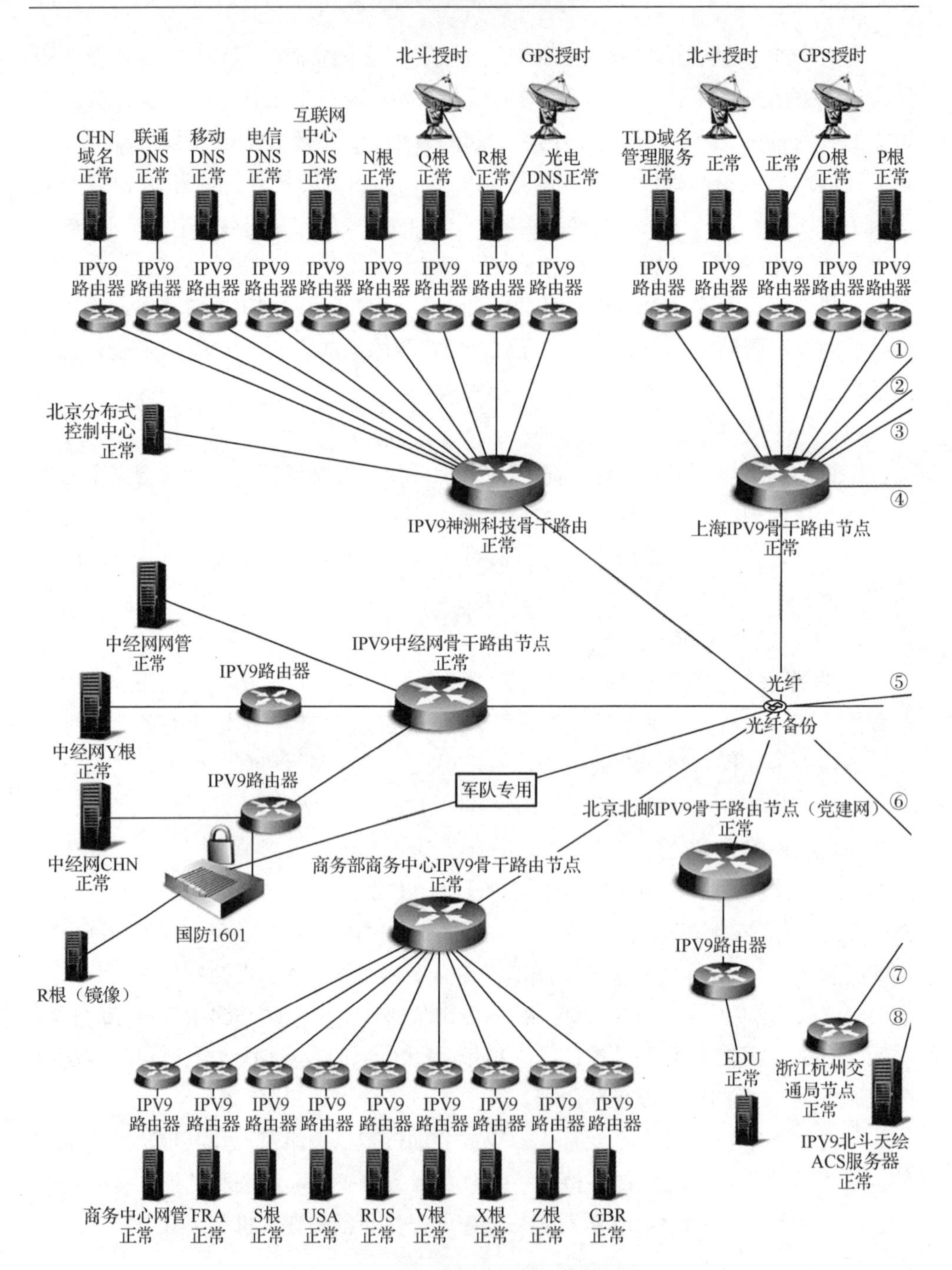

图 2.13　IPV9 系统总体拓扑结构示意

注：此图分两页展示

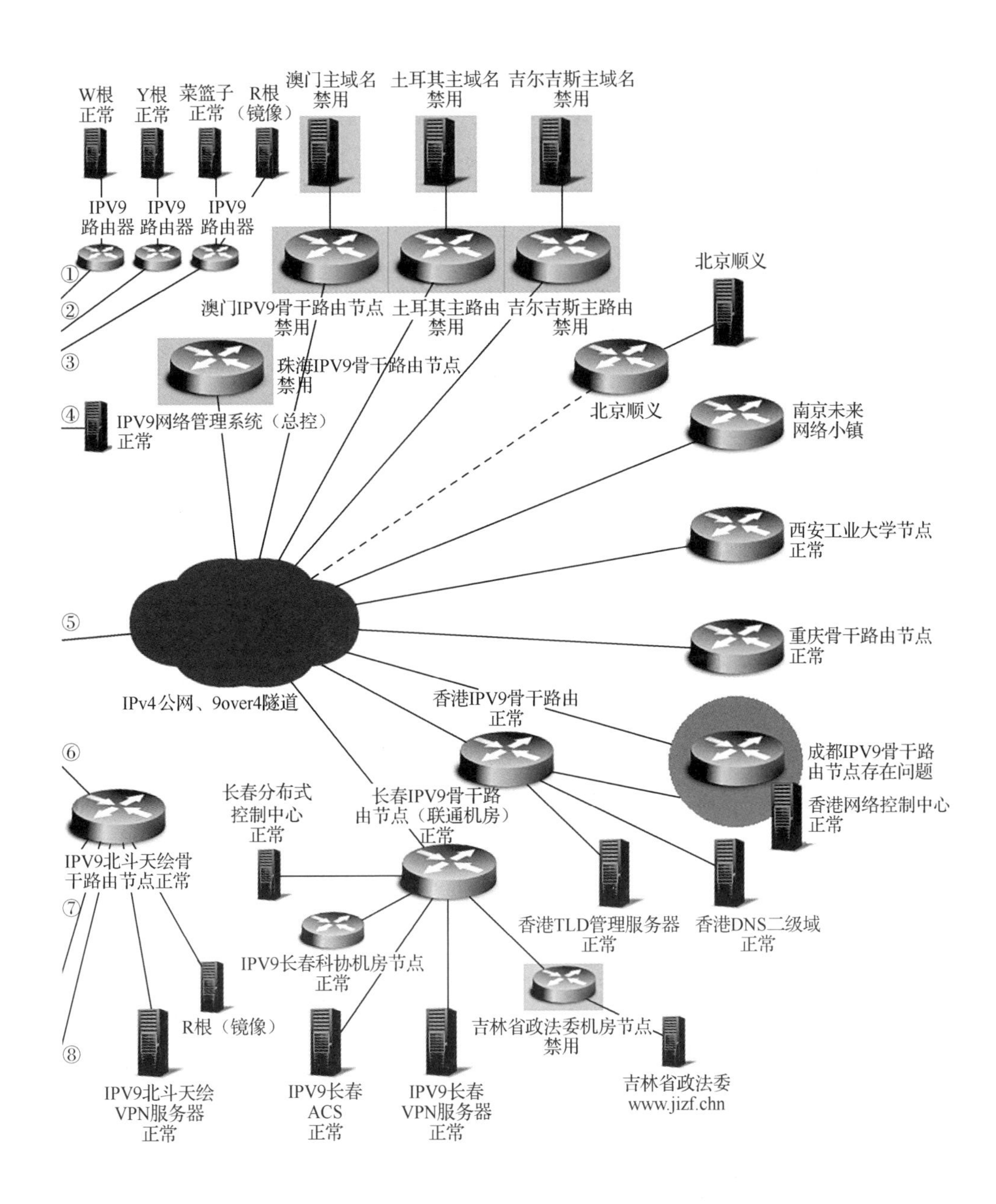

图 2.13　IPV9 系统总体拓扑结构示意（续）

注：此图分两页展示

通过使用十进制网络路由器、客户端、协议转换路由器等设备构建纯IPV9网络、IPV9/IPv4混合网络实现安全可控的新一代互联网系统，包括国产自主可控的IPV9根域名体系，推进技术融合、业务融合、数据融合，实现跨层级、跨地域、跨系统、跨部门、跨业务的协同管理和服务。以数据集中和共享为途径，建设全国一体化的国家大数据中心和关口局，加快推进国产自主可控替代计划，构建安全可控的信息技术体系。彻底脱离美国域名体系的控制，实现自主域名系统。

（3）十进制网络根服务器。

十进制网络根域名服务器主要用来管理互联网和十进制网络的主目录。IPV9/未来网络根域名服务器系统（Root Domain Name Server）由一台母根服务器、一台主根服务器、英文字符表中N～Z命名的13个根域名服务器、三字符如.CHN、.USA、.HKG、.MAC等标识的国家和地区顶级域名服务器、路由管理系统、应用服务器及万兆骨干路由器组成，由中国十进制网络标准工作组负责管理十进制网络根域名服务器、域名体系和IP地址等。

根域名服务器的工作过程是13个根域名服务器先读主根服务器，再读母根服务器，获取数据后向全网扩散，13个根域名服务器都是平权的。系统包含母根服务器、主根服务器（又称“发布主机”或“根须根”），这个隐藏的发布主机只有13个根域名服务器可以访问，13个根域名服务器读取主根服务器的数据，再由镜像服务器读取，最后向全网扩散。十进制网络全球根域名服务器系统如图2.14所示。

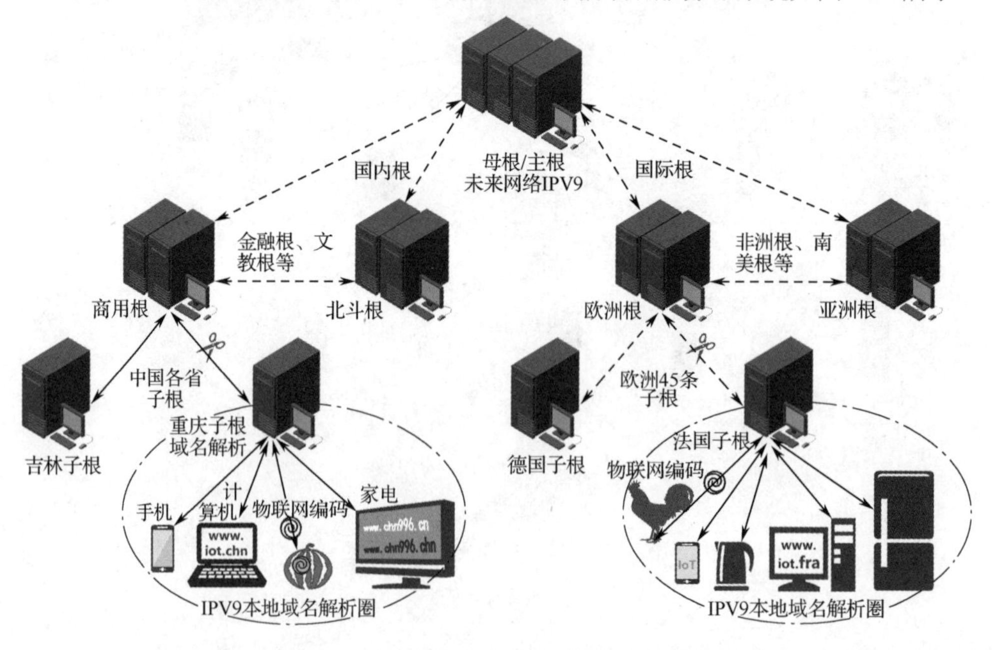

图2.14　十进制网络全球根域名服务器系统

根域名服务器是互联网域名解析系统（DNS）中最高级别的域名服务器，负责提供解析顶级域名（Top Level Domain TLD）的授权域名服务器地址。目前互联网的根域名服务器以及通用顶级域名（gTLD）、国家/地区顶级域名（ccTLD）均由美国政府授权的互联网域名与号码分配机构（Internet Corporation for Assigned Names and Numbers，ICANN）负责管理和控制。域名系统是互联网的基础服务，根服务器是整个域名系统的基础。在现有的互联网系统中，根服务器完全由美国控制。

基于十进制网络 IPV9 的 N 至 Z 共 13 个根域名解析系统，能够适应 IPv4 网络、IPv6 网络、IPV9 网络，利用十进制网络技术组织的安全可控，面向全球用户并能提供个性化通信服务的通信网，提供英文、数字、中文域名解析功能。IPV9 的解析系统既可以保证网上用户使用的域名经过域名服务器解析，得到相应访问对象的 IP 地址，又能将非数字域名的请求发给相应英文域名服务器或中文域名服务器，以及各种语言的域名服务器，与现行的各种域名服务兼容。

十进制网络 IPV9 域名解析系统在提供数字域名解析功能的同时，也可以兼容提供中英文域名解析服务。现有的互联网域名解析系统根域名服务器以及大部分顶级域名服务器都是由 ICANN 为主的国外机构控制的，互联网用户在使用 IPV9 域名解析系统解析普通域名时，由于解析系统需要向上层服务器进行解析查询，会造成无法正常解析普通域名的情况，从而影响用户体验，对 IPV9 的广泛使用造成一定的障碍。

本 章 小 结

本章主要介绍了计算机网络体系结构，从 ISO 制定的七层网络结构到既成事实的互联网 TCP/IP 四层结构体系，不同的层级具有不同的功能。原有的互联网系统从母根服务器到根域名服务器完全由美国控制。我国工业和信息化部成立十进制网络工作组，用二十年时间开发完成了从母根服务器到 N～Z 13 个根域名服务器的整套网络体系，成为全球第二个具有完全自主知识产权的互联网系统，该系统采用 TCP/IP/M 的全新体系架构，从根本上解决了网络传输大流码的瓶颈问题，为进一步的网络应用打下了坚实的基础。

第 3 章　十进制网络服务器

3.1　服务器的组成与特点

服务器是计算机网络的核心部件，其效率直接影响整个网络的效率。网络操作系统、网络应用软件和网络服务软件都是在网络服务器上运行的，因此，一般要用高档计算机或专用服务器作为网络服务器。网络服务器主要有以下四个方面的作用。

（1）运行网络操作系统。服务器控制和协调网络中各计算机之间的工作，最大限度地满足用户的要求，并做出响应和处理。

（2）存储和管理网络中的共享资源。如数据库、文件、应用程序、磁盘空间、打印机、绘图仪等。

（3）为各工作站的应用程序服务。如采用客户/服务器（Client/Server）结构使网络服务器既担当网络服务器，又担当应用程序服务器。

（4）对网络活动进行监督及控制。对网络进行实际管理，分配系统资源，了解和调整系统运行状态，关闭/启动某些资源等。

服务器软件采用“客户端—服务器或浏览器—服务器”的工作方式，计算机网络有多种形式的服务器，常用的包括：文件服务器，如 Novell 的 NetWare；数据库服务器，如 Oracle 数据库服务器 MySQL、PostgreSQL、Microsoft SQL Server 等；邮件服务器，如 Sendmail、Postfix、Qmail、Microsoft Exchange、Lotus Domino 等；网页服务器，如 Apache、thttpd、微软的 IIS 等；FTP 服务器，如 Pureftpd、Proftpd、WU-ftpd、Serv-U、VSFTP 等；应用服务器，如 Bea 公司的 WebLogic、JBoss、Sun 的 GlassFish；代理服务器，如 Squid cache；计算机名称转换服务器，如微软的 WINS 服务器。

3.1.1　服务器的组成

服务器是针对具体的网络应用特别制定的，因而服务器又与普通个人计算机在处理能力、稳定性、可靠性、安全性、可扩展性、可管理性等方面存在很大的区别，而最大的差异在于多用户、多任务环境下的可靠性。用 PC 机当服务器的用户一定都经历过突然的停机、意外的网络中断、不时丢失存储数据等事件，这是因为 PC 机的设计制造从来没有考虑过多用户、多任务环境下的可靠性，而一旦发生严重故障，所带来的经济损失将是难以预料的。但一台服务器所面对的是整个网络的用户，需要 7×24 小时不间断工作，所以它必须具有极高的稳定性。

为了实现运行高速以满足众多用户的需求，服务器通过采用对称多处理器（SMP）安装、插入大量的高速内存来保证工作。它的主板可以同时安装几个甚至几十个、上百个 CPU，而且服务器所采用的 CPU 也不是普通的 CPU，是厂商专门为服务器开发生产的。

在内存方面，服务器与普通计算机也不一样，无论是内存容量，还是性能、技术等方面都有根本的不同。另外，服务器为了保证足够的安全性，还采用了大量普通计算机所没有的技术，如冗余技术、系统备份、在线诊断技术、故障预报警技术、内存纠错技术、热插拔技术和远程诊断技术等，这样使绝大多数故障能够在不停机的情况下得到及时修复，具有极强的可管理性。

1. 服务器体系架构

从所采用的 CPU（中央处理器）来看，服务器主要分为两类构架。

（1）IA 服务器。

IA（Intel Architecture，Intel 架构）服务器，又称 CISC（Complex Instruction Set Computer，复杂指令集）架构服务器，即通常的计算机服务器，它是基于计算机体系结构，使用 Intel 或与其兼容的处理器芯片的服务器，如联想公司的万全系列服务器、HP 公司的 Net Server 系列服务器等。这类以“小、巧、稳”为特点的 IA 服务器凭借可靠的性能、低廉的价格，得到了更为广泛的应用，在互联网和局域网内高效完成文件服务、打印服务、通信服务、Web 服务、电子邮件服务、数据库服务、应用服务等主要应用，一般应用于中小公司机构或大企业的分支机构。

（2）RISC 架构服务器。

RISC（Reduced Instruction Set Computing，精简指令集）架构服务器是比 IA 服务器性能更高的服务器，这种 RISC 型号的 CPU 在日常使用的计算机中是根本看不到的，它完全采用了与普通 CPU 不同的结构，使用 RISC 芯片并且主要采用 UNIX 操作系统的服务器，如 Sun 公司的 SPARC、HP 公司的 PA-RISC、DEC 公司的 Alpha 芯片、SGI 公司的 MIPS 等。这类服务器通常价格都很昂贵，一般应用于证券、银行、邮电、保险等大型公司，作为网络的中枢神经，提供高性能的数据等各种服务。

2. 服务器用途类型

按服务器的用途划分，服务器分为通用型服务器和专用型服务器两类。

（1）通用型服务器。

通用型服务器不是为某种特殊服务专门设计的，可以提供各种服务功能的服务器，当前大多数服务器都是通用型服务器。这类服务器因为不是专为某一功能而设计的，所以在设计时就要兼顾多方面的应用需要，服务器的结构相对较为复杂，而且要求性能较高，在价格上也就更贵些。

（2）专用型服务器。

专用型（或称“功能型”）服务器是专门为某一种或某几种功能设计的服务器，在某些方面与通用型服务器不同。如光盘镜像服务器主要是用来存放光盘镜像文件的，在服务器性能上也就需要具有相应的功能与之相适应。光盘镜像服务器需要配备大容量、高速的硬盘及光盘镜像软件。

FTP 服务器主要用于在网上（包括 Intranet 和 Internet）进行文件传输，这就要求服务器在硬盘稳定性、存取速度、I/O（输入/输出）带宽方面具有明显优势。而 E-mail 服务器主要要求服务器配置高速宽带上网工具，具有硬盘容量大等特点。这些功能型的服务器的性能要求比较低，因为它只需要满足某些功能应用即可，所以结构比较简单，采用单 CPU 结构即可，在稳定性、扩展性等方面要求不高，价格也便宜许多。

3.1.2 互联网服务器的分类

1. 根服务器

互联网上的根服务器是指根域名解析服务器，是重要的互联网基础组成部分，主要用于域名解析操作，没有根域名解析服务器，计算机就无法访问接入互联网的各类网站和服务器设备。

根服务器主要用来管理互联网的主目录，所有根服务器均由美国政府授权的互联网域名与号码分配机构 ICANN 统一管理，其负责全球互联网域名根服务器、域名体系和 IP 地址的管理。IPv4 的 13 个根服务器可以指挥 Firefox 或 Internet Explorer 等这样的 Web 浏览器和电子邮件程序控制互联网通信。

全球对美国互联网的依赖性非常大，当然这主要是由其技术的先进性和管理的科学性所决定的。所谓依赖性，从国际互联网的工作机理来体现，就在于“根服务器”的问题。从理论上说，任何形式的标准域名要想实现被解析，按照技术流程都必须经过全球“层级式”域名解析体系的工作才能完成。“层级式”域名解析体系的第一层就是根服务器，负责管理世界各国的域名信息。在根服务器下面是顶级域名服务器，即相关国家域名管理机构的数据库，如中国的 CNNIC，然后是下一级的域名数据库和互联网服务商（Internet Server Provider，ISP）的缓存服务器。一个域名必须先经过根数据库的解析后，才能转到顶级域名服务器进行解析。

在国外，许多计算机科学家将根域名服务器称作“真理”（TRUTH），足见其重要性。换句话说，攻击整个互联网最有力、最直接，也是最致命的方法恐怕就是攻击根域名服务器了。

2. 镜像服务器

镜像服务器（Mirror Server）与主服务器的服务内容都是一样的，只是放在一个不同的地方，分担主机的负载。简单来说，就是和照镜子一样，能看但不是原版的。在网上内容完全相同而且同步更新的两个或多个服务器，除了主服务器，其余的都被称为镜像服务器。

所谓镜像站，就是把现有的网站放在另外一个地方的服务器上，当然，这个服务器可以是购置而托管的，也可以是虚拟的服务器。如果把网页放在两个以上不同国家或地区的服务器上，那就说明已为网站建立了多重镜像站，这样可以加快网站的访问速度。

镜像网站是将一个完全相同的站点放到几个服务器上，分别有自己的 URL，在这些服务器上互为镜像网站。它和主站并没有太大的差别，是为主站做后备措施。镜像网站的好处是：如果不能对主站进行正常访问（如某个服务器失效），但仍能通过其他服务器正常浏览。相对来说主站在速度等方面比镜像站点略胜一筹。

所有的网络系统遇到的一个共同问题是流量太高，从而影响数据访问时间。为了解决这一问题，一般将通用服务器连接到网络高速段或主干网上，但这会给主干网造成很大的压力。光盘镜像服务器可以直接连到网络中的任何地方，也可放置在对其访问频率最高的本地网段，因此可缩短用户的访问时间并提高网络吞吐量。

光盘镜像服务器将光盘的信息存储和读取功能分离，凭借硬盘的高速存取能力共享光盘信息资源，因此光盘镜像服务器的访问速度要比光盘库或光盘塔快几十倍。光盘镜像服务器在容量和速度等性能指标方面均超过光盘库和光盘塔，但是其单位成本（分摊到每张光盘上的设备成本）却大大低于光盘库和光盘塔。光盘镜像服务器给学校、图书馆、档案馆、设计院所、医院、公司和政府机关等用户提供了一种性价比很高的光盘网络共享解决方案，已逐步取代光盘库和光盘塔，成为光盘网络共享的主流产品。

3.2　IPv4 根服务器

3.2.1　IPv4 根服务器数量

DNS 协议使用了端口上的 UDP 和 TCP 协议，UDP 通常用于查询和响应，TCP

用于主服务器和从服务器之间的传送。由于在所有UDP查询和响应中能保证正常工作的最大长度是512字节，字节长度限制了根服务器的数量和名字。

要让所有的根服务器数据能包含在一个512字节的UDP包中，IPv4根服务器只能限制在13个，而且每个服务器要使用字母表中的单个字母命名，这也是IPv4根服务器是从A～M命名的原因。

DNS协议是应用层协议，大多数情况下依赖传输层的UDP协议进行数据的传输（仅在重试的情况下可能使用TCP协议）。根据RFC791规定，为保证UDP数据包传输成功率，尽量把数据包控制在512字节以使数据包不会被分片传输。

由于所有的根服务器的信息都要包含在一个DNS报文里面，所以报文的大小限制了根服务器的数量，除去UDP数据包自身包头占用的字节数，DNS数据包被设计为不超过512字节。

假设根域名有N组，计算数据包各部分字节占用的情况如下：数据包总长度为$12+5+31+15M+16N$（通常情况N等于M），再根据前述DNS大小限制不超过512字节的要求，可以得到N为14.968，不超过15组，再加上设计的时候考虑到预留一些缓冲（buffer），于是就有了现在全球13组（个）根域名服务器的结果。

从理论上说，任何形式的标准域名要想实现被解析，按照技术流程，都必须经过全球“层级式”域名解析体系的工作才能完成。

3.2.2 IPv4根服务器的分布

根服务器主要用来管理互联网的主目录，目前，全球的根服务器没有任何变化，仍为13个域名根服务器，这13个IPv4根域名服务器名字分别为“A”至“M”，1个为主（母）根服务器，放置在美国，其余12个为辅根服务器，其中有9个在美国、2个在欧洲（分别位于英国和瑞典）、1个在亚洲的日本。在主根服务器系统上还有一个更高级的、隐藏着的母根服务器，也位于美国，而全世界所有的13个顶级域名都是由这个母服务器来管理的。

全世界域名根服务器只有13个，但域名根服务器的镜像服务器有近1000台，几乎全球主要的运营商都有域名根服务器的镜像服务器。

在根域名服务器中虽然没有每个域名的具体信息，但存储了负责每个域（如.com，.xyz，.cn，.ren，.top等）的解析的域名服务器的地址信息，如同通过北京电信问不到广州市某单位的电话号码，但是北京电信可以告诉用户去查020114。世界上所有互联网访问者的浏览器都将域名转化为IP地址的请求（浏览器必须知道数字化的IP地址才能访问网站），理论上都要经过根服务器的指引后去访问该域名的权威域名服务器（Authoritative Domain Name Server）。在实际应用中提供接入服务的服务商（ISP）的本地 DNS 服务器上可能已经有了这个对应关系（域名及子域名所指向的 IP 地址）的缓存。

3.3　IPv6 服务器系统

随着互联网接入设备数量的增长，原有的 IPv4 体系已不能满足需求，IPv6 协议在全球开始普及。下一代互联网国家工程中心于 2013 年联合日本、美国相关运营机构和专业人士发起“雪人计划”，在与现有 IPv4 根服务器体系架构充分兼容的基础上，于 2016 年在中国、美国、日本、印度、俄罗斯、德国、法国等全球 16 个国家完成 25 台 IPv6 根服务器架设，在中国部署了其中的 4 台，由 1 台主根服务器和 3 台辅根服务器组成，打破了中国过去没有根服务器的困境。但母根服务器仍然在美国，这些主根服务器还继续接受母根服务器的管理和控制。

“雪人计划”首次提出并实践“一个命名体系，多种寻址方式”的下一代互联网根服务器技术方案，为建立多边、民主、透明的国际互联网治理体系打下坚实的基础。

2019 年 6 月 24 日，工业和信息化部发布关于同意中国互联网络信息中心设立域名根服务器（F、I、K、L 根镜像服务器）及域名根服务器运行机构的批复。根据工业和信息化部的公告，其同意中国互联网络信息中心设立域名根服务器（F、I、K、L 根镜像服务器）及域名根服务器运行机构，负责运行、维护和管理编号分别为 JX0001F、JX0002F、JX0003I、JX0004K、JX0005L、JX0006L 的域名根服务器，IPv6 镜像根服务器分布如表 3.1 所示。

表 3.1　IPv6 镜像根服务器分布表

运 作 单 位	管理国	地　　位	主　机　名	IPv6 地址
Beijing Internet Institute	中国	DM and Root server	bii.dns-lab.net	240c:f:1:22::6
WIDE Project	日本	DM and Root server	yeti-ns.wide.ad.jp	2001:200:1d9::35
TIISF	美国	DM and Root server	yeti-ns.tisf.net	2001:4f8:3:1006::1:4
AS59715	意大利	Root server	yeti-ns.as59715.net	
Dahu Group	法国	Root server	dahu1.yeti.eu.org	
Bond Intemet Systems	西班牙	Root server	ns-yeti.bonsid..org	2a02:2810:0:405::250
MSK-IX	俄罗斯	Root server	yeti-ns.ix.ru	2001:6d0:6d06::53
CERT Austris	奥地利	Root server	yeti.bofh.priv.at	

续表

运 作 单 位	管理国	地 位	主 机 名	IPv6 地址
ERNET Inda	印度	Root server	yeti.ipv6.ernet.in	
dnsworkshop/informnis	德国	Root server	yeti-dns01.dnsworkshop.org	2a03:4000:5:2c3::53
Dahu Group	法国	Root server	dahu2.yeti.eu.org	2001:67c:217c:6::2
Aqua Ray SAS	法国	Root server	yeti.aquaray.com	2a02:ec0:200::1
SWITCH	瑞士	Root server	yeti-ns.switch.ch	2001:620:0:ff::29
CHILENIC	智利共和国	Root server	yeti-ns.lab.nic.cl	
Yeti-Shanghai	中国	Root server	yeti-ns1.dns-lab.net	2001:da8:a3:a027::6
Yeti-Chengdu	中国	Root server	yeti-ns2.dns-lab.net	2001:da8:268:420::6
Yeti-Guangzhou	中国	Root server	yeti-ns3.dns-lab.net	2400:a980:30ff::6
Yeti-ZA	南非	Root server		2c0f:f530::6
Yeti-AU	澳大利亚	Root server		2401:c900:1401:3b:c::6
ERNET iNDIA	印度	Root server	yeti1.ipv6.ernet.in	
ERNET iNDIA	印度	Root server		
dnsworkshop/informnis	美国	Root server	yeti-dns02.dnsworkshop.org	
Monshouwer Internet Diensten	荷兰	Root server	yeti.mind-dns.nl	
DATEV	德国	Root server	yeti-ns.datev.net	
JHCLOOS	美国	Root server	yeti.jhcloos.net	

3.4 十进制网络服务器

十进制网络服务器包括母根服务器、主根服务器、13 个根域名服务器和 IPV9 应用服务器。

3.4.1 十进制网络根服务器

十进制网络系统具有完善的整套网络服务器系统，使中国成为继美国之后第二个拥有根域名服务器和 IP 地址申请管理服务器的国家。十进制网络的 13 个根域名服务器全部部署在中国，编号 N～Z，其中 4 台（O、P、W、Y）部署在上海的十进制网络标准工作组，7 台在北京（N、Q、R 根位于北京某公司，S、V、X、Z 根位于北京某地），另外 2 台供特殊需要使用。中国先后在上海、北京、吉林、浙江、山东、重庆、湖南等地建设完成 IPV9 骨干网，通过隧道技术与目前的 IPv4

公网进行连接，完成测试及试运行，实现了 IPV9 与 IPv4、IPv6 的全面兼容，通过专用路由器和相关插件，可以在 Windows 主流操作系统上完成网络切换与互访，无须修改现有的软、硬件系统，就可以实现 IPV9 网络与 IPv4 网络的访问。

母根服务器、主根服务器和 13 个十进制网络根域名服务器已经开发完成，测试图如图 3.1 所示。

```
终端 文件(F) 编辑(E) 查看(V) 搜索(S) 终端(T) 帮助(H)
ipv9@xiaomi:~$ dig9 AAAAAAAA @32768[86[21[4]192.168.15.97 mofcom.gov.chn +trace +noedns +nodnssec

; <<>> DiG 9.12.0b2 <<>> AAAAAAAA @32768[86[21[4]192.168.15.97 mofcom.gov.chn +trace +noedns +nodnssec
; (1 server found)
;; global options: +cmd
.                       79410   IN      NS      n.root-servers.chn.
.                       79410   IN      NS      o.root-servers.chn.
.                       79410   IN      NS      p.root-servers.chn.
.                       79410   IN      NS      q.root-servers.chn.
.                       79410   IN      NS      r.root-servers.chn.
.                       79410   IN      NS      s.root-servers.chn.
.                       79410   IN      NS      t.root-servers.chn.
.                       79410   IN      NS      u.root-servers.chn.
.                       79410   IN      NS      v.root-servers.chn.
.                       79410   IN      NS      w.root-servers.chn.
.                       79410   IN      NS      x.root-servers.chn.
.                       79410   IN      NS      y.root-servers.chn.
.                       79410   IN      NS      z.root-servers.chn.
;; Received 504 bytes from 32768[86[21[4]3232239457#53(32768[86[21[4]192.168.15.97) in 26 ms

chn.                    172800  IN      NS      a.gtld-servers.chn.
chn.                    172800  IN      NS      b.gtld-servers.chn.
chn.                    172800  IN      NS      c.gtld-servers.chn.
;; Received 279 bytes from 32768[86[21[3[3]2#53(w.root-servers.chn) in 26 ms

mofcom.gov.chn.         120     IN      AAAAAAAA 32768[86[21[4]189
chn.                    86400   IN      NS      a.gtld-servers.chn.
chn.                    86400   IN      NS      b.gtld-servers.chn.
chn.                    86400   IN      NS      c.gtld-servers.chn.
;; Received 323 bytes from 32768[86[571[4]888#53(b.gtld-servers.chn) in 36 ms

ipv9@xiaomi:~$
```

图 3.1　十进制网络根域名服务器测试图

除了根域名服务器外，十进制网络还有很多的应用服务器，常见的应用服务器列表如表 3.2 所示。

全国十进制网络（IPV9）根服务器结构示意如图 3.2 所示。

表 3.2　IPV9 服务器列表

序　　号	网络及服务器设备	主 要 作 用
1	FNv9-DHCP 服务器	动态主机地址配置
2	FNv9-NAT 服务器	网络地址转换
3	FNv9-PROXY 服务器	网络代理服务
4	FNv9-NTP 北斗受时服务器	V9 协议授时服务
5	FNv9 地址分配管理服务器	IPV9 地址分配
6	FNv9 域名申请注册服务器	IPV9 域名.CHN 注册
7	FNv9-DNS 域名解析服务器	IPV9 域名.CHN 解析
8	FNv9 网络加密交换机	网络数据加密与地址加密
9	FNv9-OpenVPN 网络服务器	支持 V9 协议的虚拟个人专网
10	ACS 加密服务器	通信加密
11	FNv9 地址数据库服务器	IPV9 地址分配服务器
12	FNv9 网管服务器	网络节点管理服务器

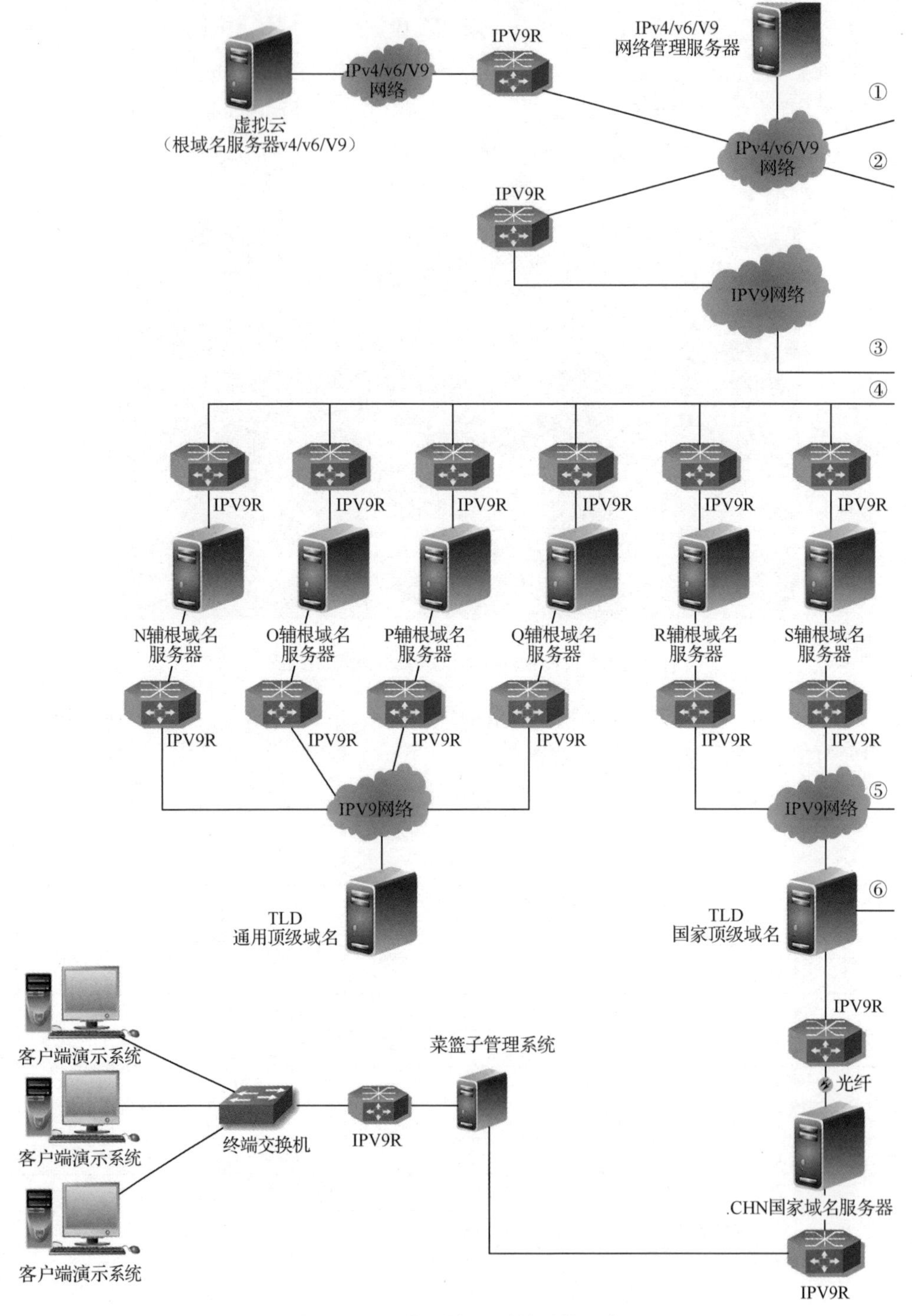

图 3.2　IPV9 根服务器系统结构示意

注：此图分两页展示

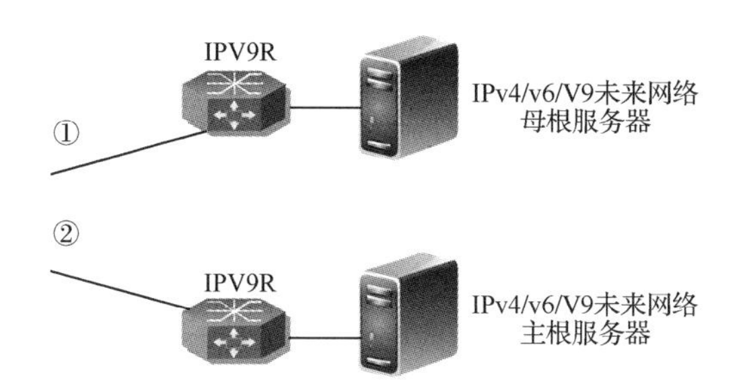

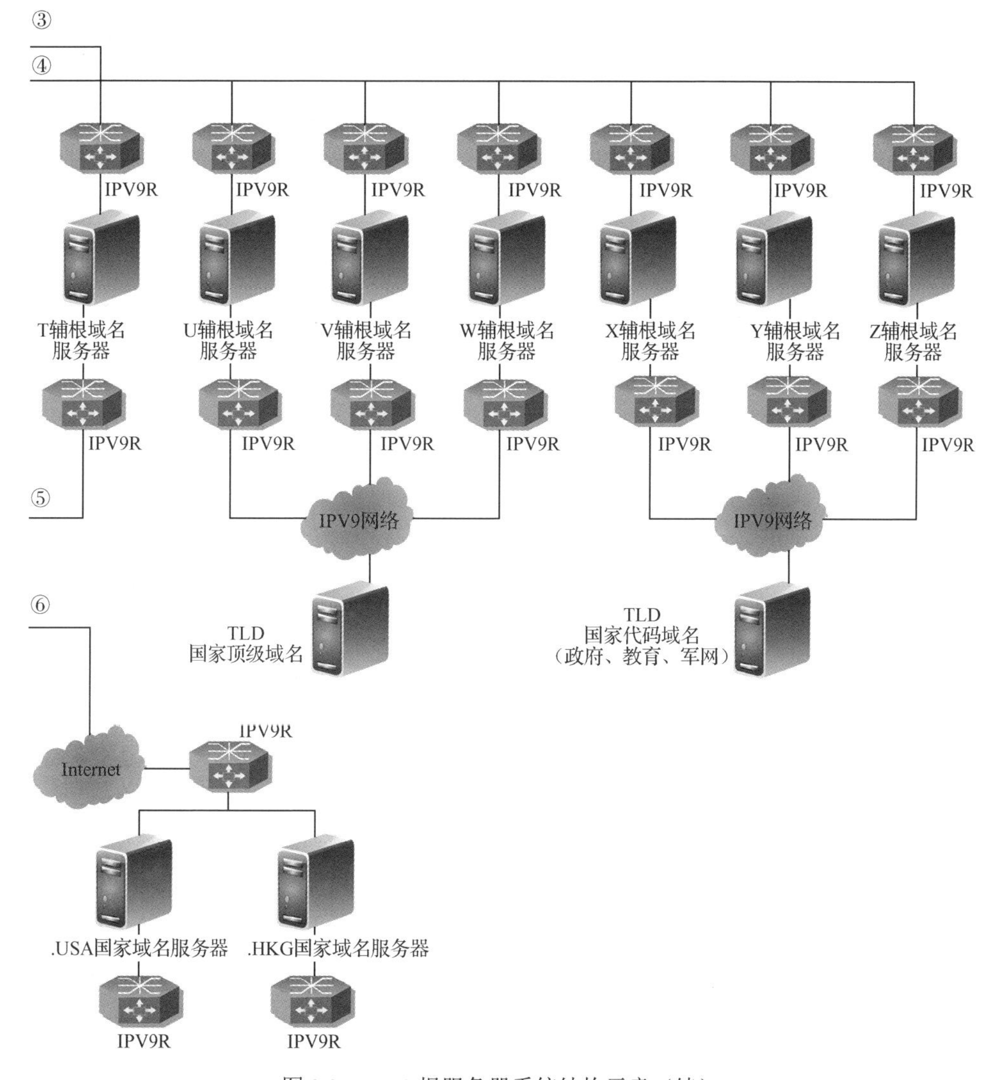

图 3.2　IPV9 根服务器系统结构示意（续）

注：此图分两页展示

3.4.2 IPV9 DHCP 服务器

两台连接到互联网上的计算机相互通信，必须有各自的 IP 地址，所以要采用 DHCP 为上网的用户分配地址。也就是当计算机连接网络时，DHCP 服务器从地址池里分配一个 IP 地址给该计算机或终端，每次上网分配的 IP 地址可能会不一样，这与当时的 IP 地址资源有关。

1. 产品概述

IPV9 DHCP 服务器是基于 IPV9 协议的未来网络 IPV9 上的动态地址分配服务器（见图 3.3）。客户端联网后可以自动获取 DHCP 服务器分配的 IPV9 地址、IPV9 网关、IPV9 DDNS（数字域名系统）服务器地址。完全兼容 IPv4 DHCP 协议服务，实现所有 IPv4 通用的 DHCP 的功能。

图 3.3　IPV9 DHCP 地址分配服务器

2. 产品特征

使用环境：IPV9 兼容 32 位地址的网络环境，可为 IPv4 网络分配指定的地址，也可为 IPV9 专网分配指定的地址。

功能特性：IPV9 DHCP 服务器完全实现 DHCP 协议。IPV9 专网客户端可通过 IPV9 专网网络自动获得 IP 地址。

3. 技术指标

（1）产品型号：TY-IPV9-DHCP-100。

可以分配 2^{32} 个 IPV9 地址；完全兼容 IPv4 DHCP 协议流程；实现所有 IPv4 通用 DHCP 的配置功能。

接口指标：输入 10/100M，输出 10/100M。

工作电源：220VAC/50Hz；功耗≤10W。

工作温度：−5～+45℃；相对湿度：10%～90%RH。

尺寸：448 mm×437mm×956mm。

（2）产品型号：TY-IPV9-DHCP-1000。

可以分配 2^{64} 个 IPV9 地址；完全兼容 IPv4 DHCP 协议流程；实现所有 IPv4

通用 DHCP 的配置功能。

接口指标：输入 1000M，最大可达 2.5G；输出 1000M，最大可达 2.5G。

工作电源：220VAC/50Hz；功耗≤20W。

工作温度：-5～+45℃；相对湿度：10%～90%RH。

尺寸：448 mm×437mm×956mm。

3.4.3　IPV9 协议转换服务器

1. 产品概述

IPv4/IPV9 协议转换路由器提供 IPV9 网络和 IPv4 网络之间的路由协议转换功能。IPV9 网络和 IPv4 网络之间可以自由通信。

2. 产品特征

使用环境：IPV9 兼容 32 位地址的网络环境。

功能特性：IPV9 和 IPv4 协议的互相转换和实现路由功能。

3. 技术指标

（1）产品型号：TY-XV9RPT -100。

IPV9 和 IPv4 协议的互相转换；支持各种路由协议；完全兼容 Window 2003 路由和远程访问。

接口指标：输入 10/100M，输出 10/100M。

工作电源：220VAC/50Hz；功耗≤10W。

工作温度：-5～+45℃；相对湿度：10%～90%RH。

尺寸：448 mm × 437mm × 956mm。

（2）产品型号：TY-XV9RPT -1000。

IPV9 和 IPv4 协议的互相转换；支持各种路由协议；完全兼容 Window 2003 路由和远程访问。

接口指标：输入 1000M，最大可达 2.5G；输出 1000M，最大可达 2.5G。

工作电源：220VAC/50Hz；功耗≤20W。

工作温度：-5～+45℃；相对湿度：10%～90%RH。

尺寸：448mm × 437mm × 956mm。

3.4.4 IPV9 域名管理分配服务器

1．产品概述

IPv4/IPV9 域名管理分配（DNS-TLD）服务器是指数字、中文、英文域名进行分类、连接，再进行分配管理的服务器。可用于独立组网，工作在 IPV9 和 IPv4 的网络环境中。

2．产品特征

使用环境：① LINUX 基础平台。②该系统网络运行在现有网络上，应用于 IPV9 专网中与现有网络实现逻辑隔离。③实现 2 套域名并行系统，而且对现有用户使用的操作系统及应用是透明的。

功能特性：IPv4/IPV9 域名管理分配服务器可对数字域名、中文域名、英文域名提供进行分类、连接，再进行分配管理。

3．技术指标

产品型号：TY-DNS-TLD；

主要为在 IPV9 和 IPv4 网络环境下实现对数字域名、英文域名、中文域名的分类、连接、管理。

接口指标：输入 100/1000/10000M，输出 100/1000/10000M。

技术指标：平均无故障时间（MTTF）≥10000 小时；固有可用性（A）≥99%；

工作电源：交流供电 220V±10%，50Hz±1Hz；功耗≤10W。

工作温度：−10～+25℃；相对湿度：60%～80%RH。

尺寸：448mm × 437mm × 956mm。

3.4.5 IPV9 域名解析服务器

1．产品概述

域名系统是用户使用的域名体系完成各类网络应用的支撑系统，包含数字、法定全称、英文三种体系。用户应用软件根据应用需求向域名服务器提交解析请求，由域名服务器的解析提供相应的访问对象的动态 IP 地址，从而完成两台终端间的通信连接。域名系统与现有的域名体系构成一个统一完整的域名解析体系，能将非 IPV9 域名解析体系的请求发给相应的英文域名服务器、中文域名服务器或者其他语种的域名服务器，从而与现行的各种域名服务兼容。

2．产品特征

使用环境：在 IPV9 网络中，作为数字、法定全称、英文域名解析系统，同时提供 IPv4 网络中非数字、法定全称、英文域名的解析。

在 IPV9 网络中，按地址分配协议为 256 位地址提供数字、法定全称、英文、中文域名解析。

在 IPV9 专网网络中，按 IPv4 的 32 位地址，以一定的规律映射成 256 位地址组成 IPV9 下的 IPv4 专用网络。

功能特性：数字、法定全称、英文、中文域名服务器系统由用户注册管理服务器、应用服务器、动态更新服务器和数据库系统组成，完成用户注册、动态 IP 地址绑定、地址解析、系统管理等功能。

（1）用户注册功能。

网内用户可依据数字、法定全称、英文或者中文域名命名规则向域名管理机构申请和注册数字域名，拥有私有的数字、法定全称、英文和中文域名。

（2）动态地址绑定功能。

使用客户端程序使域名用户可以根据具体服务需求高效地实现点到点、面对面的多媒体信息传输和网络应用，如基于计算机的 IP 电话、电子邮件、即时通信、视频会议、资源交互、远程家教、个人信息发布等服务。

（3）地址解析功能。

系统为访问者提供 IP 地址解析，实现网络资源定位服务。系统提供正向、反向和 MX 纪录解析。

（4）系统管理功能。

系统具备自身的运行和维护能力，完成域名开通、删除和用户信息变更等日常维护功能，保证系统的良好运转。

3．技术指标

（1）产品型号：TY-DDNS（数字域名解析系统）。

域名表示方法：采用 ITUTE.164 体系区域数字表示方法，在数字后缀“.”的表示方法。

系统功能：用户注册功能，动态地址绑定功能，地址解析功能，系统管理功能。

接口指标：标准接口 1000M，可扩展至 10G。

工作电源：220VAC/50Hz；功耗≤10W。

工作温度：−5～+45℃；相对湿度：10%～90%RH。

尺寸：380mm×590mm×580mm。

（2）产品型号：TY-EDNS（英文域名解析系统）。

域名表示方法：采用英文字母后加“.china”的表示方法。

系统功能：用户注册功能，动态地址绑定功能，地址解析功能，系统管理功能。

接口指标：标准接口 1000M，可扩展至 10G。

工作电源：220VAC/50Hz；功耗≤10W。

工作温度：−5～+45℃；相对湿度：10%～90%RH。

尺寸：380mm×590mm×580mm。

（3）产品型号：TY-CDNS（法定全称解析系统）。

域名表示方法：采用全中文，在中文后缀“.”的表示方法。

系统功能：用户注册功能，动态地址绑定功能，地址解析功能，系统管理功能。

接口指标：标准接口 1000M，可扩展至 10G。

工作电源：220VAC/50Hz；功耗≤10W。

工作温度：−5～+45℃；相对湿度：10%～90%RH。

尺寸：380mm×590mm×580mm。

4. 配置说明

以上三种产品信息描述如下：标准注册用户数为 1 万，最大用户数可达 300 万；平均响应时间≤1 秒（经过一级 DNS 服务器、并发率为 50%时）；更新间隔<24 小时（批量数据更新时间）；数据库服务响应时间为 2 秒；解析正确率≥99.9999%；系统故障时间/系统连续运行时间<0.00001 秒；支持 TCP/IP 协议，具有 IE 和 Netscape 浏览功能。

3.4.6 DONS 对象域名解析服务器

1. 产品概述

DPC 对象域名解析服务器 DONS 是一个运行在公网上的分布式系统，负责管理、维护和解析统一编码（按照全国产品与服务统一代码）编制的资源定位信息。系统在逻辑上按照所述的编码规则形成树状结构，树根、树枝和树叶间依据设计的传输协议（定义为 DONS 传输协议）完成系统内部数据交换和信息服务协同；系统在物理部署上，DONS 总根服务器必须部署在公网上并拥有固定公网 IP 地址，DONS 树枝和树叶服务器允许部署在与公网连接的内网上，通过服务器配置信息指示树枝和树叶关系。

2．产品特征

使用环境：本服务器采用Linux Redhat AS3操作系统，可运行在IPv4、IPv4 over IPV9网络环境下。

功能特性：实现产品信息的存储和数据交换。客户端可通过本服务器进行正常的对象名称解析。

3．技术指标

产品型号：TY-DONS。

系统功能：该系统在编码体系中具有兼容现有的一维、二维以及现有EPC编码体系，可以和现有的物品管理体系中的商品信息实现互联互通、信息资源共享，并且在原有的物品管理体系基础上具有可扩展性强的特点。

接口指标：标准接口1000M，可扩展至10G。

工作电源：220VAC/50Hz；功耗≤10W。

工作温度：-5～+45℃；相对湿度：10%～90%RH。

尺寸：448mm × 437mm × 956mm。

4．配置说明

标准注册用户数为1万，管理以“统一代码”为索引的DPC资源定位信息表；接受并响应各级DONS树枝和树叶节点信息注册，并与各注册节点建立长连接；接受并响应DPC对象解析，并对本地无法解析的DPC查询进行接力传递；接受DPCIS和DML服务登记；本机系统配置功能。

除了以上介绍的IPV9系列服务器外，IPV9系统也开发完成了地址转换服务器（NAT）、网络代理服务器（PROXY）、北斗网络授时服务器（NTP），提供北斗导航系统网络授时服务；FNv9网络加密交换机、FNv9-OpenVPN网络服务器、ACS加密服务器、FNv9地址数据库服务器和FNv9网管服务器等，形成了全系统的服务器系统，可以完成现有互联网所有的服务功能。

本章小结

本章介绍了网络服务器系统组成及常见服务器的功能。无论是IPv4、IPv6还是IPV9，联网的计算机完成交互功能，离不开各种不同功能的服务器，其中母根服务器是最高级别的管理服务器，它管理下面的13个根域名服务器，依次类推，组成完整的互联网的服务和管理系统。从功能上来说互联网服务器主要包括域名申请与管理服务器、域名解析服务器和各类应用服务器。服务器硬件组成和个人计算机在本质上没有根本的区别，但功能更加强大，可以连续工作，满足不同用户的需求。

第4章　十进制网络系统组成

4.1　十进制网络系统硬件组成

十进制网络协议实现了地址长度由目前的32位扩展到2048位、直接路由的假设，将原来路由器类的寻址方法扩展到42层路由，根据现实网络的不足与IPV9/未来网络的实际需求，研究新的地址及域名体系和新的路由寻址理论以解决知识产权，以及网络资源和工程实现技术。

十进制网络核心技术包括：路由器层次架构及以国家主权为管理域的设计；解决地址长度与实际应用不定长不定位的架构及实现；解决虚实电路及三、四层混合网络架构；解决字符直接路由的关联理论与实现；新的IP地址、简易方便的中括号[]分隔符、根域名服务器和国家域名的命名规则；报头地址跳频加密技术；IP地址加密技术；采用以上基础性理论提高信息安全的可能性的问题。此外，还需解决经典计算机、量子计算机、生物计算机机器语言与文本表示方法的关联理论；经典计算机、量子计算机数据在同一光纤或大气通道传输时互不干扰的理论依据。

所谓"十进制网络"，是指采用十进制算法的IP地址和MAC地址，对智能终端分配十进制数字域名和地址，将计算机联成通信网络，并与现有国际互联网实现互通的新一代网络。

十进制网络的核心技术主要由网络协议体系、地址分配体系和域名解析体系三大部分组成。

（1）网络协议体系。

网络协议即网络中（包括互联网）传递、管理信息的一些规范。如同人与人之间的交流是需要遵循一定的规则一样，计算机之间的通信也需要共同遵守一定的规则，这些规则就是网络协议。网络协议是互联网的基础，可以说谁掌握了网络协议的标准，谁就掌握了未来网络。

十进制网络采用我国自主研发的IPV9协议，创建了自己的互联网规则。IPV9协议是根据《采用全数字码给上网的计算机分配地址的方法》发明专利实施并发展而成的以十进制算法为基础的协议，整个网络系统主要由IPV9地址协议、IPV9

报头协议、IPV9 过渡期协议、数字域名规范等协议和标准构成。IPV9 协议能兼容现有互联网络协议 IPv4、IPv6，又可实现逻辑隔离，达到安全可控。

（2）地址分配体系。

为了区分在 Internet 上的主机，人们给每台主机都分配了一个专门的地址，称为 IP 地址。通过 IP 地址就可以访问每一台主机。没有 IP 地址就无法连上互联网。所以，地址在网络时代是非常重要的资源，无论在 IPv4 还是在 IPv6 中，美国都对 IP 地址有着绝对的控制权，如美国斯坦福大学拥有的 IP 地址比我国的 IP 地址还要多。而一旦地址资源不足，互联网的发展就会受到影响。

十进制网络建立了自己的地址分配体系，能够对 IP 地址和 MAC 进行自主分配，同时还可以重新分配 IPv4 和 IPv6 的地址，从而使我国成为继美国之后世界上第二个拥有网络地址资源所有权、网络地址资源分配权的国家。

（3）域名解析体系。

十进制网络提出了具有自主知识产权的数字域名，进而建立了我国能够控制的域名解析体系。所谓数字域名，是以阿拉伯数字替代传统的英文字母作为域名，即给每台上网的计算机或智能终端设备分配了一个由 0～9 这 10 个数字组成的域名。数字域名以地理概念清晰、简明易记的数字分配域名，一个数字域名由类似电话号码的国家代码、地区代码和智能终端代码（也可以是现有的电话号码）组成，符合人们拨打电话的习惯。

中国十进制网络体系既可独立解析 IPV9 域名，又可同步兼容解析 IPv4/IPv6 域名，既可集中统一解析，又可就地分散解析，并可实现数字域名、中文域名、英文域名三种域名兼容解析。

为了与现有互联网实现兼容，采用双协议栈技术即在一台设备上同时启用 IPv4 协议栈和 IPV9 协议栈。这样，这台设备既能和 IPv4 网络通信，又能和 IPV9 网络通信。如果这台设备是一个路由器，那么这台路由器的不同接口上分别配置了 IPv4 地址和 IPV9 地址，并能够分别连接 IPv4 网络和 IPV9 网络。如果这台设备是一台计算机，那么它将同时拥有 IPv4 地址和 IPV9 地址，并具备同时处理这两个协议地址的功能。IPV9 与 IPv4/v6 网络兼容示意如图 4.1 所示。

按照以上十进制网络地址和双协议栈设计，IPV9 系统硬件组成包括 IPV9 网络的核心路由器、边缘路由器、IPV9-IPv4 协议转换路由器、嵌入式路由器、客户端、北斗/GPS 网络授时服务器、IPV9 国产芯片（兆芯）的软硬件应用平台等。

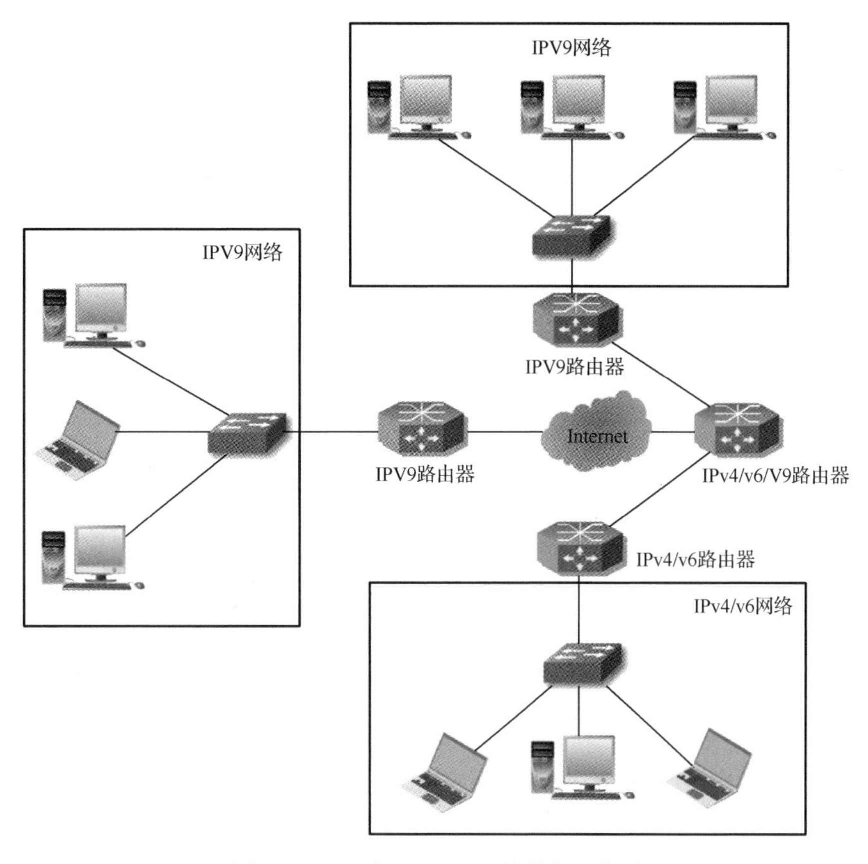

图 4.1　IPV9 与 IPv4/v6 网络兼容示意图

IPV9 系统硬件设备组成如下。

（1）核心路由器。

核心路由器又称“骨干路由器”，是位于网络中心的路由器。核心路由器用于 IPV9 核心网络环境，实现大容量数据交换。

（2）边缘路由器。

边缘路由器，又称“接入路由器”，是位于网络外围（边缘）的路由器。

边缘路由器和核心路由器是相对概念，它们都属于路由器，但是有不同的大小和容量，某一层的核心路由器是另一层的边缘路由器。

（3）IPV9-IPv4 协议转换路由器。

用于 IPV9 和 IPv4 协议相互转换。通过 4to9 网络接口设备把 IPv4 协议数据使用预设的映射规则转换成 IPV9 协议数据。通过 9to4 网络接口设备把 IPV9 协议数据使用预设的映射规则转换成 IPv4 协议数据。

（4）嵌入式路由器。

低成本用户端接入路由器，可以方便地部署在可以接入 IPV9 网络和 Internet 应用的场合。

（5）客户端。

目前支持 Centos5.5 32bit、Centos 7 64bit 客户端，后续支持主流版本 Linux。目前支持 VMware 的 IPV9 虚拟机，方便客户使用现有硬件设备快速部署。

Windows7、9、10 基于 Windows IPV9 协议栈客户端（目前实现了网页浏览的简单功能）。

（6）北斗/GPS 授时服务器。

支持北斗、GPS 卫星信号，提供 IPv4、IPV9 协议 NTP Server。用户设备可以通过 IPv4 或 IPV9 协议授时。

4.2　十进制网络系统软件组成

十进制网络网管系统、十进制网络地址自动分配接入系统，以开源 Linux 为基础二次开发的操作系统、采用中国自主知识产权的 IPV9 网络协议的操作系统、内核和应用层及网络授时均做了国产化工作，如国防科大优麒麟-V9 桌面版、火狐浏览器-V9、V9 飞龙服务器版操作系统、V9 嵌入式操作系统、IPV9 Windows 7 协议栈、Windows 7 系统 IE 浏览器 IPV9 插件等已研发成功。

（1）十进制网络网管系统。

十进制网络管理系统是一套基于 Web 界面的提供网络监视及其他功能的综合性网络管理系统，它能监视各种网络参数及服务器参数，保证服务器系统的安全运营；同时支持 IPv4 和 IPV9 两套协议，并提供了灵活的通知机制让系统管理员快速定位并解决存在的各种问题。

（2）十进制网络自动分配接入系统。

本系统以 OpenVPN 架设虚拟专网，IP Tunnel 完成 9over4 数据传输，TR069 作为控制协议推送数据到终端，最终实现从 IPv4 子网到子网/IPV9 传输。IPv4 子网到子网，实现在不同个人路由、同一企业路由，或者是企业、个人路由到骨干路由之间的传输。

采用 OpenVPN 穿透子网形成专有虚拟网络，并在虚拟网络的基础上实现 IP Tunnel 完成 9over4 的数据传输，并可在路由器实现 4to9/9to4。

在虚拟专网里，采用 TR069 协议推送自动分配的个人地址、手动分配的企业地址，同时自动推送个人或企业的 4to9 路由到设备路由器。

（3）十进制网络 Windows 协议栈。

在 Windows 操作系统原有的 IPv4 和 IPv6 协议基础上，增加了十进制网络 IPV9 协议，实现双协议栈工作访问，系统实现如图 4.2 所示。

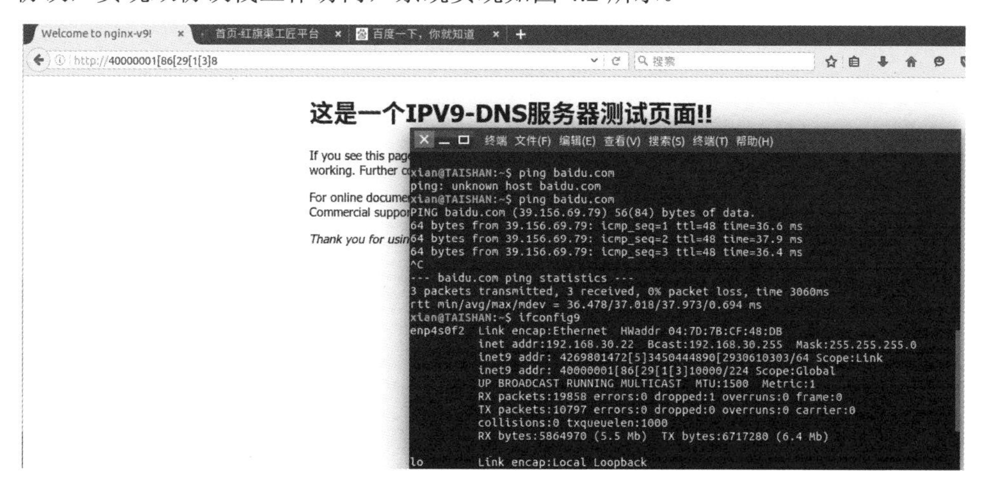

图 4.2　IPv4 与 IPV9 双协议栈运行图

4.3　十进制网络地址分配方法

一种联网计算机和智能终端用全十进制算法分配地址的方法（简称为 IPV9），通过计算机和智能终端的各种输入设备，将各种计算机的软件和硬件存储在计算机的数据库中，联网计算机和智能终端的外部地址与计算机内部运算的地址对应编制。这种新的地址分配方法能够为未来网络的发展提供足够的地址空间。同时，这种新分配方法也给各种产品信息、物流实体及各类通信终端的应用提供了足够的地址，而且地址结构可以有更多的层次。该分配算法为下一代互联网体系结构设计提供了坚实的基础。

4.3.1　分配算法产生的背景

为了使信息可以在互联网上正确传输到目的地，连接到互联网上的每台计算机必须拥有一个唯一的地址。目前对于地址的编制方法有三种：IP 地址，由小数点分割的四段数字构成；域名，由小数点分割开的一系列字符串；中国域名体系，由小数点和斜线分割三级域名组成。

目前，互联网使用的地址方案仍为最初制定的 IPv4 协议，该地址方案采用的是四段 8bit 的十进制数来分配与互联网连接的主机和其他设备的地址。同时，地址采用“点分十进制”方法来表示。

在互联网发展的初期，这些地址似乎已足够全世界使用，IPv4 也取得了难以置信的成功，但是在 20 世纪的最后 20 年里，全世界互联网的发展极为迅猛，接入互联网的主机数量每年都在成倍增长，因此，现有的地址数量已无法满足这种发展。而地址也将被越来越广泛地运用到电子商务的物流码、空间码、身份码、数字货币及三维地理码等其他智能终端，原有的地址分配技术不能满足社会发展的需要。

4.3.2　十进制地址分配方法

采用全数字码给上网的计算机分配地址的（IPV9）思想方法如下：上网的计算机的地址由入网号码、电话号码、分类号码组合的全十进制数字构成，入网号码为国家和地区规定的网站的数字编号，电话号码包括用户所在国家的国际长途直拨电话号码、所在地区的国内长途直拨电话地区区号以及用户单位或个人的电话号码的组合，分类号码为国家或地区对统一划分的业务类别所冠的数字号码。

IPV9 技术方案是通过计算机和智能终端的输入，如键盘、条形码、二维码等扫描输入设备、视觉输入设备、语音输入设备等将地址输入到计算机，将各种计算机的软件和硬件结合起来，通过各种传输介质，如光缆、微波和同轴电缆等，将存储在数据库中的联网计算机和智能终端的外部地址与计算机内部运算的地址对应编制。

联网计算机的地址分配步骤如下。

（1）将所有联网计算机和智能终端的各种外部地址定义为十进制数值，其表示范围为 10^0～10^{256} 的十进制整数，并通过计算机和智能终端的输入口，如键盘、语音输入设备等将地址输入计算机。

（2）将所有联网计算机和智能终端的内部地址定位为二进制数值，其表示范围为 2^0～2^{1024} 的二进制数。

（3）地址分配方法可用定长不定位的方法或者定位不定长的方法与二进制内部地址相对应。

（4）数据库中除了存放外部地址外，还存储数字、英文、中文等以各国文字申请的顶级域名，以及现有的电话号码、地区号码、城市号码、手机号码等通信号码，MAC 地址及基于十进制编码的最新数字域名。

（5）数据库中的地址被直接对应为计算机内部的二进制地址，并通过光缆、微波和同轴电缆等传输介质将数据流通过网关指向主机，字符域名可以经域名解析后找到其十进制地址，并指向其主机所在地址，数据库中的电话号码、手机等通信号码通过指向网关直接指到该号码所属的通信系统中。

4.3.3　十进制网络地址组成

十进制网络默认的 IP 地址为 256 位，分割成 8 段，每段 32 位，用单边中括号“[”或“]”分割，两个符号都可以使用，但不能混合使用。

例如：0[1[2[3[4[5[6[7 与 0]1]2]3]4]5]6]7] 是等效的，都是合法的，但 0[1[2[3[4]5]6]7 是不允许的，左右符号同时使用有特殊的意义，使用方法见后文介绍。

为了实现和 IPv4、IPv6 地址的兼容，将完整的 32 位 IPv4 地址和 128 位的 IPv6 地址保留在 IPV9 的最末尾地址段，用第一段地址的值作为标识符指向 IPv4 或 IPv6。地址映射关系如表 4.1 和表 4.2 所示。

表 4.1　IPv4 与 IPV9 地址映射关系表

位编号	1～96	97～128	129～224	225～256
长度（bit）	96	32	96	32
映射关系	0[0[0	0	0	IPv4 地址

表 4.2　IPv6 与 IPV9 地址映射关系表

位编号	1～96	97～128	129～256
长度（bit）	96	32	128
映射关系	1[0[0	0	IPv6 地址

对于隧道技术中的 IPV9 节点，需要给其分配 IPv4/IPv6 兼容地址使其在对应的网络中与其他节点进行通信，此时映射策略如表 4.3 所示。

表 4.3　IPV9 兼容 IPv4/IPv6 地址映射关系表

位编号	1～10	11～29	30～32	33～96	97～128	129～224	225～256
长度（bit）	10	19	3	64	32	96	32
内容	前缀	保留	标志	0	作用域	IPv6 专用	IPv4 专用

其中，前缀为 1000000000，标志位的 000 和 001 两个数值分别对应 IPv4 和 IPv6，其余为功能扩展保留。例如，IPv4 地址 192.168.100.1 映射为 1000000000[6]192.168.100.1。该地址映射的转换通过 IPV9/IPv4 双栈路由器实现。

IPV9 引入了分层的概念，将地址分为 42 层，在表示方案上与 IPv4 的无类别域间路由（CIDR）类似，通过在 IP 地址后加斜杠和十进制的方式表示。

联网的计算机和其他智能终端地址分配的方法中，整个外部地址被平均分为 4 个域、8 个域、16 个域或 256 个域，每个域地址的数值范围分别为 10^0～10^{64}，10^0～10^{32}，10^0～10^{16} 或 10^0～10^1 的十进制整数。其内部地址也被相应分为 4 个域、8 个域、16 个域或 256 个域，每个域地址的数值范围分别为 2^0～2^{256}、2^0～2^{128}、2^0～2^{64} 或 2^0～2^4 的二进制数。

每个域之间必须用一个分隔符将各个域地址分隔开。如果在所述地址或内部地址中有一段连续的全 0 域，可以用一对大括号或中括号来替代。

如果在所述地址或内部二进制地址中有不止一段的连续全 0 域，则每一段连续全 0 域可以用一对大括号或中括号来替代，并且在括号内用阿拉伯数字表明每一段中有几个全 0 域。

如果在所述地址或内部二进制地址的一个域内，有连续相同的一段阿拉伯数字，该段阿拉伯数字可以用一对小括号来替代，并且在小括号内从左至右标明要省略的数字、连接符和省略的个数。

4.3.4 地址分配实例

本地址分配算法的具体特征将由以下的实例进一步解释。

（1）实例一：本算法将存储在数据库中的联网计算机和智能终端的外部地址与计算机内部运算的地址对应编制。

将整个外部地址平均分成 8 个域，每个域地址为 10^0～10^{32} 的十进制整数，并且域地址之间以中括号分隔开，这种地址形式为 Y]Y]Y]Y]Y]Y]Y]Y]，其中每个 Y 代表一个域地址，以 32 位的十进制数表示。整个内部地址也将被分为 8 个域，每个域地址为 2^0～2^{128} 的二进制数，其地址形式为 X]X]X]X]X]X]X]X]，每个 X 代表一个域地址。以 128 位的二进制数表示。

例如：

00000000033389732222778830378303]00000000000000000000000000000000]00000000000000000000000000000000]00000000000000000000000000000000]00000000009875679484593909387401]00000000000000000000989989021893]]00000000000000008974653839209584

在该地址中，每个十进制数靠左边的多个连续零可以不写，但是全零的十进制至少用一个零来表示。那么，上面的地址可以写成：

33389732222778830378303]0]0]0]9875679484593909387401]989989021893]8974653839209584

为了进一步简化地址的表示，可以将地址中的连续 0 域用一对“[ ]”来代替。例如上面的地址可以进一步简化为：

33389732222778830378303[]98756794845939093874O1]989989021893]8974653839209584

又如：

0] 0] 0] 0] 0] 0] 0] 1　可简写成 [ ] 1 或 [7] 1

0] 0] 0] 0] 0] 0] 0] 0　可简写成 [ ] 或 [8]

应该注意的是，在上述地址简写中。只能使用一次“[ ]”来表示连续的全零域，这是因为多次使用[ ]将会造成地址的不明确。

例如，地址 0] 0] 0]12345678]987654]0]0]0 可以简写成：

[3]12345678]987654][ ] 或 者 [3]12345678]987654][3] ， 也 可 以 是 0] 0] 0]12345678]987654][3]。

但是不能写成[ ]12345678]987654][ ]，否则，在还原地址时无法决定地址左边和右边全零域的个数，从而导致地址不明确。

另外，为了进一步简化地址，如果在一段域地址内，有连续相同的一段阿拉伯数字，该段阿拉伯数字可以用一对小括号来替代，并且在小括号内从左至右标明要省略的数字、分隔符和省略的个数。

例如：

0]0]12345678000000000]987654000000]9800980000]0]0]0]可以简写成[ ]12345678(0/9)]987654(0/6)]980098(0/4) [3]

在联网计算机和智能终端的地址分配过程中，必须将外部地址与内部的二进制地址相对应起来，为此本实例采用定长不定位的方法使两者相对应。

例如，外部地址[7]19 将被对应于内部二进制地址[7](0/251) 10011，地址[7]21 将被对应于[7](0/251)10101。

以上地址方法可以分配给网络接口，如可以分配给单个网络接口，该标识则作为单播地址，以单播地址为目的地址的报文将被送往由其标识的唯一网络接口上。单播地址具有多层次的网络结构，有很好的伸缩性，有利于解决路由寻址的难题。

例如，一个聚合全局单播地址可具有三个层次，即公众拓扑层、站点拓扑层和网络接口标识，公众拓扑层由地址前缀（FP）、顶级聚合标识（FLA）、保留域（RES）和二级聚合标识（NLA）组成，所述站点拓扑层由站点级聚合标识（SLA）组成，所述网络接口标识仅由网络接口标识组成。具体结构如表 4.4 所示。

表 4.4　全局单播地址结构表

FP（4位）	TLA 标识（26位）	RES（18位）	NLA 标识（48位）	SLA 标识（32位）	网络接口标识（128位）
→公众拓扑层→				→站点拓扑层→	→网络接口标识→

例如，一个地址的 FP 为 1001，TLA 标识为 8960，RES 为 9806，NLA 标识为 9999999，SLA 标识为 8887，网络接口标识为 0。整个地址应标识为 1001(0/24)8960](0/4) 9806(0/14)] (0/25)9999999](0/28)8887][4]。

在该地址中，通过格式前缀路由系统能很快地分辨出一个地址是单播地址或是其他类型的地址，顶级聚合标识是路由层次中最高的一个层次，默认路由器在路由表中必须给每一个有效顶级聚合标识建立对应的一项，并提供到这些顶级聚合标识所表示的地址区域的路由信息。

顶级聚合标识的组织在标识内部各个站点时使用二级聚合标识。在分配二级聚合标识时可以根据需要选择分配方案，建立其内部寻址层次。建立层次结构可以让网络在各级路由器上更大程度的聚合，并且让路由表的尺寸更小，可以建立其结构如表 4.5 所示。

表 4.5　层次结构

NLA1	站点标识

站点级聚合标识用于个别组织（站点）建立其内部的寻址层次结构和标识子网号，其结构如表 4.6 所示。

表 4.6　站点级聚合标识结构

SLA1	子网号

其中，站点级聚合标识域内的层次数目和各层次上的 SLA 标识长度的选择由各组织根据内部子网的拓扑层结构来自行确定。

如上述方法编制和分配的一个全局单播地址；一个站点内部的编址相对独立于互联网的编址。当一个站点需要重新编址时，这个站点内的所有地址只有顶级聚合标识和二级聚首标识两部分（公众拓扑层）需要做一定的改动，而站点级聚合标识和网络接口标识两部分可以保持不变。这样的分配给互联网网络地址的管理和分配带来了很大的方便。

（2）实例二：各计算机和智能终端的地址统一分配的方法，其步骤与实例一基本相同，但是外部地址与内部地址对应编制时可以采用定位不定长的方法。

该方法将所有联网计算机和智能终端的各种外部地址定位为十进制数值，其

表示范围为 10^0～10^{256} 的十进制整数。将所有联网计算机和智能终端的内部地址定位为二进制数值，其表示范围为 2^0～2^{1024} 的二进制数。然后可采用定位不定长的方法将外部地址与二进制内部地址相对应。

定位不定长的方法，是将外部地址中的每一位十进制数与计算机的内部地址中的每四位二进制数相对应。

例如，外部地址 [ ]7]7]7]7]7]8]8]3]3] 对应的内部二进制地址为 [ ]0111]0111]0111]0111]0111]1000]1000]0011]0011]。在本实例中，地址中的每一位十进制数对应于四位内部二进制数。

实例一与实例二的技术方案中。地址可以同时分配给多个网络接口，形成群集地址。其结构与单播地址相同，地址也可以分配多播地址，以多播地址为目的的地址报文会同时被拥有该多目地址的所有网络接口接收。

（3）全零组成的地址。

上述地址编码方法还定义了一些特殊用途的地址，如用全零组成的地址为未明确地址，不能分配给任何一个节点，即意味着网络接口暂时没有获得一个正式的地址。

（4）全数字 1 的地址。

如果地址为全 1，即本地回送地址，在一个节点希望将报文回送给自己时使用。当测试协议栈是否正常工作时，通常也使用本地回送地址。

4.3.5　十进制网络地址的特点

一种采用全数字码给上网的计算机分配地址的方法，由入网号码、电话号码、分类号码组合的全数字编码地址构成。

入网号码为国家和地区的数字编号，如中国上海的“上海热线”，其入网号码规定是“8888”。

电话号码为国际长途代码、地区区号以及单位或个人的电话号码的组合。例如，电话号码是 008602162572047，其中，0086 是中国的国际长途代码、021 是上海地区的区号、62572047 是用户的电话号码，简单、易记，永远没有重复。

分类号码为国家和地区对统一业务类别分配的数字号码，这部分数字号码可以根据用户所在国、地区或网站的规定制定，可以只规定到大类，也可规定到小类。

在使用中，如果希望对自己的地址加密，还可在入网号码后或电话号码后加入保密数字号码，保密数字号码可由用户自己提出并经地址编制单位登记。使用时只要采用电话拨号或键盘连续输入正确的数字编号，连通后便可上网，方便快捷。

电子邮件的邮箱地址也可采用全数字编码的方式，由用户名数字号码和该邮箱所在的邮件服务器的域名的数字号码组成。Internet 服务商要为用户设立一个邮箱，邮箱的名字包括用户名、邮件服务器和“@”三部分，一般也是采用十进制数来表示的。

为使全世界通用，本系统包括一个将十进制数字地址与现有互联网的域名和 IP 地址相对应的转换器，该转换器由翻译软件构成。只要指定一个全数字编码的地址就能转换成对应的 IP 地址、域名或中国域名体系，并且全球唯一。

本方法除了可以给每台上网的计算机分配一个固定的静态地址外，还可给临时上网的计算机分配一个动态地址。为方便用户使用十进制地址，需要建立一个辅助信息数据库，用户只要打开该数据库，即可查询到所需的上网地址。

4.4 十进制网络地址表示方法

十进制网络地址的表示方法包括小括号表示法、中括号表示法和大括号表示法。

1. 小括号表示法

由于 IPV9 的默认地址长度为 256 位，这样无论采用四段还是八段，在每一段中仍然会有很多位。例如，采用八段表示时，每一段仍然有 32 位。这样在一段中就会出现下面的情况：

……]00000000000000000000000000110100]……

……]01011111111111111111111111111111]……

这样的情况不仅输入烦琐，而且很容易少输或者多输，使用户眼花而不利于数位。为了方便，引入了小括号表示法——（K/L）。其中“K”表示 0 或 1，“L”表示 0 或 1 的个数。这样，上面的两个例子可以简写成：

……]（0/26）110100]……

……]010（1/29）]……

2. 中括号表示法

IPV9 地址有以下四种类型。

（1）纯 IPV9 地址。

这种地址的形式为：Y[Y[Y[Y[Y[Y[Y[Y

其中，每个 Y 代表一个从 0 到 2^{32}（=4294967296）之间的十进制整数。

（2）兼容 IPv4 的 IPV9 地址。

这种地址的形式为：Y[Y[Y[Y[Y[Y[Y[D.D.D.D

其中，每个 Y 代表一个从 0 到 2^{32}（=4294967296）之间的十进制整数，D 代表一个原来 IPv4 的从 0 到 255 之间的十进制整数。

（3）兼容 IPv6 的 IPV9 地址。

这种地址的形式为：Y[Y[Y[Y[X:X:X:X:X:X:X:X

其中，每个 Y 代表一个从 0 到 2^{32}（=4294967296）之间的十进制整数。X 代表一个原来 IPv6 的从 0000 到 FFFF 之间的十六进制数。

（4）特殊兼容地址。

为了能从 IPv4、IPv6 向 IPV9 平滑升级，设计了一些兼容地址。其中，在 IPv6 地址中有一些是为了兼容 IPv4 地址而设计的兼容地址，为了能把这部分平滑地向 IPV9 地址过渡，对此做了特殊处理：在这部分地址前加上适当的前缀。为了让它们的表示更为直观，避免书写中因为疏忽易导致的错误，引入了简写的办法：

y[y[y[y[x:x:x:x:x:x:d.d.d.d

其中，每个 y 代表地址为 32bit，用十进制表示；每个 x 代表原来 IPv6 地址为 16bit，用十六进制表示；每个 d 代表原来 IPv4 地址为 8bit，用十进制表示。例如：

0[0[0[0[14714747[1199933[223556889[147258369

可书写成：0[0[0[0[E0:877B:12:4F3D:D53:3519:8.198.252.1

或：[4]E0:877B:12:4F3D:D53:3519:8.198.252.1

上述十进制转换为十六进制、点分十进制的转换方法如下：

可以使用在线转换工具，在线转换工具采用：http://tool.oschina.net/hexconvert 或 http://www.atool9.com/hexconvert.php。

十进制数 14714747、1199933、223556889 转换为十六进制，方法如下：

14714747 转换为十六进制后是 E0877B，从右向左，每 4 位为一组，结果为：E0:877B（十六进制）；

1199933 转换为十六进制后是 124F3D，从右向左，每 4 位为一组，结果为：12:4F3D（十六进制）；

223556889 转换为十六进制后是 D533519，从右向左，每 4 位为一组，结果为：D53:3519（十六进制）；

十进制数 147258369 转换为点分十进制数（通过二进制做中间数）：

1000　　11000110　　11111100　　00000001（二进制）

8　　198　　252　　1　（点分十进制）

3．大括号表示法

这种方法将256bit的地址分成四段64bit十进制数加上分隔它们的大括号来表示。表示方法的形式是"Z}Z}Z}Z"，其中每个Z代表地址为一个64bit部分，并使用十进制表示。它的用法和Y完全一样，同时和Y兼容，二者可以混用。这样就大大地方便了目前IPv4地址在IPV9中的兼容地址。例如：

z}z}z}z;

z}z}y]y]y]y;

z}z}y]y]y]d.d.d.d;

z}z}z}y]d.d.d.d;

z}z}z}y]J.J.J.J;

特别是最后一种地址格式最为有用。例如：

地址 0}0}0}0]193.193.193.193

也可以这样表示：{3}0]193.193.193.193

最后，需要说明的是，在符号表示时，中括号和大括号在使用时不分前后的。即"{"和"}""["和"]"不分，因为考虑到这样并不会引起任何副作用，对于使用者来说，更加方便，所以这样定义。

4．地址前缀的文本表示

IPV9地址方案与IPv4的超网和CIDR（无分类编址）方案类似，都是通过地址前缀来体现网络的层次结构。在IPV9地址前缀的表示上，采用了类似于CIDR的表示法，其形式如下：

IPV9地址/地址前缀长度

其中，IPV9地址是采用IPV9地址表示法所书写的地址，地址前缀长度是指明地址中从最左边组成地址前缀的连续比特位的长度。

在此，必须注意IPV9地址中用的是十进制数，但前缀长度却是对二进制而言的。因此，必须小心计算前缀。因在二进制数中很不直观，经过考虑后，可以把IPV9地址前缀转换成十六进制较为容易理解。但表示IPV9地址时还是用十进制数。

例如，200bit的地址前缀1314[0[0[0[224[169[0可表示为：

1314[0[0[0[224[169[0[0/200

或　　1314[3]224[169[0[0/200

或　　1314[0[0[0[224[169[2]/200

或　　1314[3]224[169[2]/200

注意，在地址前缀的表示中，IPV9 地址部分的表示一定要合法，即斜线“/”左边的 IPV9 地址必须能还原成正确的地址。

在这个地址前缀中，可以看到地址前缀长度是 200，故此，前缀实际上就是整个地址的前六段再加上第七段的前 8bit（32×6+8=200）。因此关键在地址的第七段。此段用十六进制表示为：********，因为在十六进制中，一位占 4bit，所以前缀只包括前两个*。了解到了这一点，就可以知道：本段的取值是 00000000（hex）～00FFFFFF（hex），即十进制的 0～16777215（或者本段用二进制表示为：**** **** **** **** **** **** **** ****。因为在二进制中，一位占 1bit，所以前缀包括前 8 个*，本段的取值范围是 0000 0000 0000 0000 0000 0000 0000 0000～0000 0000 1111 1111 1111 1111 1111 1111，也就是十进制的 0～16777215）。

IPV9 地址部分可以是由纯粹的地址前缀通过在它的右边补上 0 生成，它还可以是一个包含该地址前缀的真实的 IPV9 地址。例如，上例中的地址前缀还可以表示为：

1314[3]224[169[a[b/200

a 是 0～16777215 范围内任意的十进制数，b 是 0～4294967296 范围内任意的十进制数。

5．IPV9 地址 ping 实现

未来网络 IPV9 地址已经在实际应用中实现，通过 ping 命令就可以看到实现的界面，如图 4.3 所示。

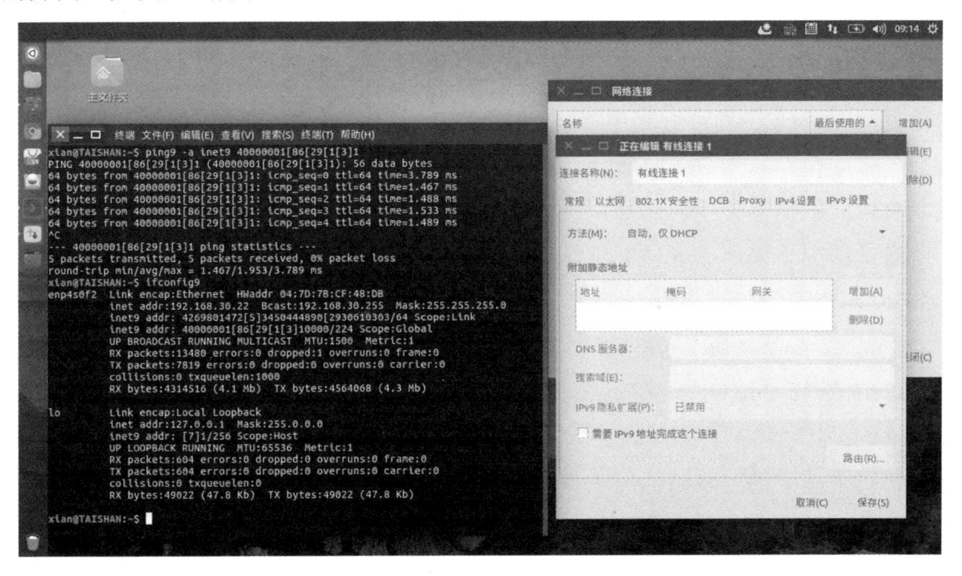

图 4.3　IPV9 网络 ping 包验证图

6. 过渡期的地址

十进制网络可以兼容 IPv4、IPv6 技术协议的互联网，但是 IPv4、IPv6 技术协议不能反兼容 IPV9。兼容的概念是并行共存，是逐步和适度的转移应用和数据服务，而不是直接对已有的协议进行替代或替换。

为了 IPv4 能平稳地向 IPV9 过渡，考虑到现有互联网应用已投入了大量的资金，特设计 IPV9 的过渡地址，拿出一段 2^{32} 来分配给 IPv4。可实现在目前系统上做少量改动即可。IPV9 中有一段 J.J.J.J.，其中每个 J 表示一个 0 到 2^8 的十进制数即 0～255，[7]可在本地地址中间省略不写，即本地用户（或指定用户）可用 J.J.J.J. 直接使用，和原来的 IPv4 的 D.D.D.D.区分。同时，这部分用户为了平稳过渡到全十进制，可同时分配十进制地址。以便今后软件和硬件改进时不必重分地址，从而使得原来的终端都能使用。为了使原来的用户和现在的用户能兼容在 IPV9 DNS 中的记录，过渡期的 IPV9 地址系统经过适当改版后可采用原来的 IPv4 系统。同时，报头采用 IPv4 报头但版本号为 9 以区别原来的 IPv4。但在本地域内用户终端可使用原有终端设备。

当采用类别号为 0 时，地址长度为 16 位，将舍去 IPv4 物理地址，而采用 IPv4 主机 16 位地址。表示方法为十进制 65535 或点分十进制 0～255.0～255，与十六进制 FF.FF 同效。

当采用类别号为 1 时，地址长度为 32 位，表示方法为十进制 0～4294967295 及相应的字符长度或点分十进制 0～255.0～255.0～255.0～255，与十六进制 FF.FF.FF.FF 同效。

当采用类别号为 2、3、4、5、6 时，地址长度为 64、128、256、512、1024、2048 位，表示方法为十进制 10 或相应的字符长度。

当采用类别号为 7 时，地址长度为无定长位，表示方法为与之适应的十进制长度或相应的字符长度。

默认情况下采用 256 位的地址长度，可以标识出数量巨大的终端，IPv4、IPv6 及 IPV9 可以表示的主机数量如下。

IPv4: 2^{32}; 4,294,967,296;

IPv6: 2^{128}：340, 282 ,366, 920, 938, 463, 463, 374, 607, 431, 768, 211, 456;

IPV9: 2^{256} 至 2^{1024}：极为庞大，15%被预先分配，85%为未来的发展保留，分配权归属中国十进制网络标准工作组。

4.5　十进制网络数字域名

目前的 Internet 采用域名的通信机制，由字符和数字或者两者混合组成，让人产生联想，具有方便记忆的优点。这个特点使个人、企业可以通过域名申请，将自己的信息发布到网络上，加速了网络的应用。这种域名系统极大地方便了信息的传输，但也存在不少问题，最主要的问题就是域名文件（域名信息表）越来越大，导致检索延迟和管理困难。如果将这么庞大的信息表应用到物联网中，将会带来明显的速度制约。

IPv4 网络将字符、数字，或者两者混合作为域名，当有网络访问时，客户机首先向本地域名服务器发出域名解析请求，若本地没有记录，则向上级域名解析系统请求，直至根域名服务器，得到正确的记录后返回本地，并将其缓存到本地服务器，整个过程逻辑复杂，时间和空间开销很大。

4.5.1　十进制网络数字域名系统

1. 数字域名系统

十进制网络数字域名系统（Digital Domain Name Syetem，DDNS）将 0～9 十个数字引入域名解析系统，并将地理位置信息加入 IP 地址中。数字域名空间的数据结构是树，根节点预留为“00”，下面的层次分别为顶级域、二级域、子域，根域名之后的顶级域包括地理域、类别域、数据元域，二级域包括省市/地区域、信息分类与编码定义，子域编码自行定义。

树中每个节点的数值为 0～63，转换为二进制表示占 8 位。在域名树中兄弟节点的编码不能相同，非兄弟节点的编码可以相同。

在顶级域和二级域的编码规范中采用 E.164 方案。E.164 是国际电信联盟为公共电话交换网（PSTN）和其他一些数据网络定义的编码规则。其为国家和地区代码表，国家代码（或国家编码）是一组用来代表国家和境外领土的地理代码。国家代码是由字母或数字组成的短字串，方便用于数据处理和通信。世界上有许多不同的国家代码标准，其中最广为人知的是国际标准化组织的 ISO 3166-1。国家代码也可以指国际长途电话国家号码，即国际电信联盟的国际电话区号（E.164）。中国的国家代码是：CHN。中国（内地）国际电话区号为 86、香港为 852、澳门为 853、台湾为 886 等。数字域名树如图 4.4 所示。

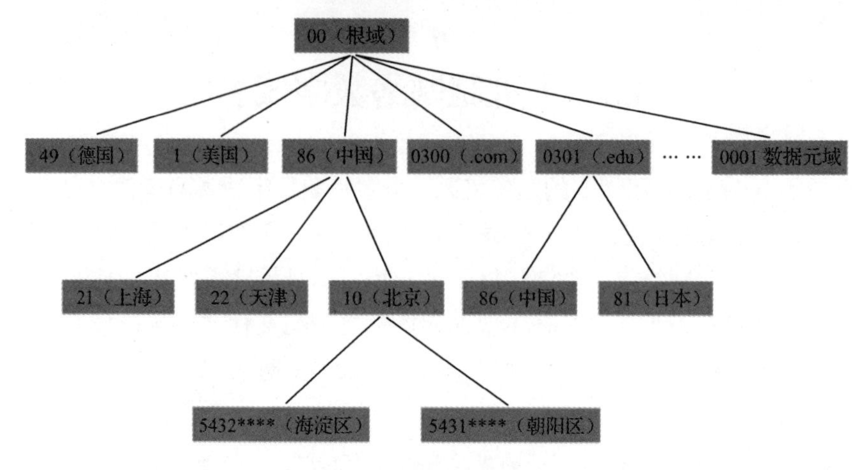

图 4.4　数字域名树结构

数字域名在表示时，将从根节点到该节点的所有数字顺序串联起来，以“.”结束，形成完整的域名。如域名“00861003026231.”代表中国（86）（顶级域）—北京（10）（二级域）—行业代码域名（0302）—子域名（6231），后面根据行业特点的某个细分子域（不同行业代码自定）。又如湖南省人民政府网站的英文域名是 http://www.hunan.gov.vn，相应的数字域名是 086（中国），43（湖南地区代号），12345（湖南省人民政府），如需登录湖南省人民政府官网，湖南地区的用户只要在地址栏输入“12345”即可，中国其他地区的用户则输入“4312345”，国际用户则输入“0864312345”。该数字域名系统虽然不能取代英文域名，但对于不习惯英文域名的用户也是一种不错的选择。

十进制网络数字域名最大的优点是可以直接路由，该技术让路由器通过路由规则直接寻找到目标网络终端，无须域名解析等转换过程，从而节省时间，快速建立连接，同时大大降低了网络中各转发节点路由表的规模，节省巨大的时间和空间开销。

IPv4 网络中的符号域名方便记忆，但应用到物联网这个庞大的网络将造成巨大的网络负荷。对于物联网终端，多数情况不需要字符域名，使用编号管理更加方便。采用 IPV9 的地址编码方法，不但解决了地址资源问题，还能够使路由速度加快，提升网络效率。

2. 数字域名规范

十进制网络的数字域名系统已经作为中国电子行业标准（SJ/T 11271-2002）由当时的中国信息产业部在 2002 年 7 月 31 日发布并实施。本规范规定了数字域名的结构、语法及数字域名与网络地址（主要是 IP 地址）之间的映射机制，同时规定了数字域名标准的实施要求。适应于互联网的数字域名的命名、系统运行和系统实现。

（1）数字域名结构。

数字域名采用树状分级结构，树上的每个节点和叶子对应一个资源集，系统内部节点和叶子用法没有区别，均称为节点。各节点有一个标记，长度在 0 到 63 个八位位组之间。兄弟节点不能有相同的标记，非兄弟节点之间可以有相同的标记，根域的标记为“00”位组。

节点的数字域名是从根节点到目标节点的一个标记序列。标记从左到右，即从离根节点最近到离根节点最远的顺序打印和读取，以“.”标记结束。

以上数字域名子域包含了设备的行业类别、设备类型、所在地、编号等信息，不定长不定位。同时，域名分为绝对数字域名和相对数字域名，二者之间属于包含关系，即相对数字域名为绝对数字域名的一部分前缀。对于不完整的数字域名，通过本地域名系统补充完整。

一个数字域名全部数目限定在 0 到 63 个八位位组（字节）之间，当用户输入域名时，各段之间可以用“.”分割，也可以将各段标记连在一起，并连成一个完整的域名，以最后一个段标记作结尾，并以“.”符号结束。

绝对数字域名：从根域“00”开始标记的一个完整数字域名的数字串。例如，00862162906873.表示中国上海的一个数字域名。

相对数字域名：从当前（地区）区域代码开始标记的一组数字串。例如，相对数字域名中国上海“114.”，其绝对域名是“008621114.”。

一个域如果包含在另一个域中则称为该域的子域，测试这种关系可以查看该域名的绝对域名的结尾是否包含该数字串。例如，008621114.是 008621 的一个子域。

对于数字域名，树状分级结构的顶端为树根即根域，其下一级为“顶级域（TLD）”，顶级域一般由“地理域”“类别域”“数据元域”组成，数字域名区域结构如图 4.5 所示。

（2）数字域名语法。

数字域名语法规则如下：

<域>::=<根域>|<根域><根域><分割符><子域>

<根域>::= 00

<子域>::=<标记>|<子域><分割符><标记>

<分割符>::= “.”

<标记> ::= <数字串>

<数字串>::=<数字>|<数字><数字串>

<数字>::=0～9 数字中的任何一个

数字域名必须遵守 00.主机名规则，必须以数字开头，以字符或数字结尾，其间只能是数字和连字符。数字、“.”和连字符是指 GB/T 1988 中规定的字符。

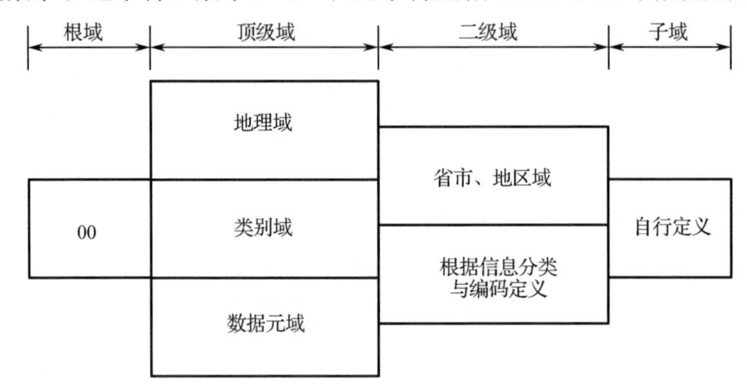

图 4.5　数字域名区域结构

（3）资源记录。

一个域名识别一个节点。每个节点有一个资源信息集，可以为空。与特定域名相关联的资源信息集由独立的资源记录（RR）组成。信息集内 RR 的次序并不重要，无须被域名服务器、解析器和 DDNS 的其他部分保留。

对于特定 RR，假定其包括如下。

① 拥有者：是其中找到 RR 的域名。

② 类型：是一个 16 位编码的二进制值，指定本资源记录的资源类型。类型设计抽象资源。

本规范使用以下类型：

A	IPv4 主机地址
AAAA	IPv6 主机地址
E	IPV9 过渡期主机地址
C	IPV9 主机地址
CE	十进制地址的主机地址
AAAAAAAA	兼容 IPv4 和 IPv6 的 IPV9 主机地址
CNAME	一个域名，它指定拥有者的规范名或主名。拥有者的名字是一个别名
HINFO	识别主机使用的 CPU 和 OS
MX	识别域的邮件交换

NS　　　　一个域名，它指定一个主机为类级和域的权威
PTR　　　　指针指向域名空间的某个位置
SOA　　　　识别特权区（zone）的开始

③ 类级：一个编码的 16 位值，标识一个协议簇或协议实例。

本规范使用以下类级：

IN　　　　IPv4 互联网系统
IN6　　　　IPv6 互联网系统
IN9　　　　IPV9 互联网系统
ING　　　　IPV9 过渡期互联网系统
INCE　　　　十进制互联网系统
CH　　　　Chaos（混沌）系统

④ TTL：资源记录 RR 的存活期。本字段是一个 32 位的整数，以秒为单位，主要用在解析器缓存 RR 时。TTL 描述了 RR 在被丢弃之前应当缓存多长时间。

⑤ RDATA：是描述资源与类型、类级有关的数据。

A　　　　对 IN 类级，一个 32 位 IP 地址
AAAA　　　　对 IN6 类级，一个 128 位 IP 地址
E　　　　对 ING 类级，一个 256 位 IP 地址
C　　　　对 IN9 类级，一个 256 位 IP 地址
CE　　　　对 INCE 类级，一个全十进制的域名的 IP 地址
CH　　　　对 CH 类级，后接一个 16 位八进制 Chaos 地址的域名
86　　　　一个域名
000161　　　　为 IP 地址充当交换地址的主机名
MX　　　　一个 16 位优选项值（越低越好），为所有者域充当邮件交换的主机名
NS　　　　主机名
PTR　　　　域名
SOA　　　　几个字段

拥有者的名称经常是暗含的，而不是形成 RR 的完整部分。例如，许多域名服务器内部形成域名空间的树状或散列结构，以及节点的主要 RR。其余 RR 部分包括所有 RR 都一致的固定报头（类型、类级、TTL），以及满足所述资源的需要的可变部分（RDATA）。

TTL 字段的含义是资源记录 RR 在缓存中时间长短的限制。本时限不适用于区（zone）。虽然短的 TTL 可以减少缓存，零 TTL 阻止缓存，互联网性能的现实

显示对典型的主机而言，该时间应当以天记。如果预见到变化，可以在变化前把TTL降下来，以减少变换中的不一致性，完成变化后再恢复原值。

资源记录的RR的RDATA数据有二进制字符串也有域名。域名经常作为其他DNS数据的“指针”。

域名服务区用来查询域名、QTYPE和QCLASS寻找匹配的RR。除了相关记录，域名服务器可能返回的RR指向拥有所期望的信息的域名服务器，或者是估计有助于解释相关的RR。例如，一个不拥有所要求的信息的域名服务器或许得知有另一个域名服务器具备条件，在相关RR返回一个域名的服务器可能域名捆绑地址的RR。

（4）数字域名的扩展。

为了充分利用资源，允许对数字域名进行扩展。扩展后的数字域名除了根域名必须用数字“00”外，允许在域名中出现其他任何字符。

域名基本格式如下。

00.字符

数字域名扩展语法规则：

<域>::=<根域>|<根域><根域><分割符><子域>

<根域>::= 00

<子域> ::=<标记>|<子域><分割符><标记>

<标记> ::= <多文种>

<多文种>::= 任何国家的语言文种，并遵照各国文种的语法。

标记必须遵守000161主机名规则，必须以数字开头，以字母或数字结尾，其间字符只能是字母、数字和连字符。对长度也有限制，标记必须少于63个字符。

域名中的字符大小写不做区分按照同一个对待，多文种是指GB/T 13000.1中规定的字符。

（5）数字域名与IP地址的映射。

数字域名系统（DDNS）允许域名的拥有者在其权限范围内对其数据库实行分级管理，并且每一级中的数据通过客户（机）/服务器模式在互联网上能够被访问，在IPV9系统中的服务器称为数字域名服务器，客户（机）称为数字域名解析器。

DDNS提供数字域名与IP地址的映射功能，并且能够在互联网中准确地传输。数字域名系统还提供除了机器名到IP地址以外的映射。反向查询允许服务器反向映射，即根据答案生成导致此答案的请求。但是，并不是所有的答案都对应唯一的一个请求，即使只对应一个问题，可能服务器又不能提供该问题。由于通常需要查询所有的服务器才能找到能解析某个查询的服务器，因此DDNS必须采用反向映射。

DDNS 支持一个特殊域和一个特殊格式的请求，被称为指针查询。在指针查询中，交给域名服务器的请求制定了一个 IP 地址，地址按域名格式编码为可打印字符串（即点分的数字的文本表示）。指针查询请求域名服务器返回具有指定 IP 地址的主机的正确域名。由于指针查询系统只允许系统只给出一个 IP 地址就能获得高层名字，因此它对无盘机器尤其有效。

如果考虑以点分十进制形式书写的 IP 地址，其格式为：

IPv4　　aaa.bbb.ccc.ddd

IPv6　　X:X:X:X:X:X:X:X

IPv6　　::aaa.bbb.ccc.ddd

IPV9　　[y][y][y][y][y][y][y][y]

IPV9　　[7]aaa.bbb.ccc.ddd

为形成一个指针查询，服务器要重新整理点分十进制表示的地址，形成如下格式的字符串：

IPv4　　000161 ddd.ccc.bbb.aaa.

IPv6　　000162 X:X:X:X:X:X:X:X

IPv6　　000163 ::aaa.bbb.ccc.ddd

IPV9　　000164 [y][y][y][y][y][y][y][y]

IPV9　　000165[7]ddd.ccc.bbb.aaa

IPV9　　000166 10^n

新格式是在特殊域“000161”中的名字，由于本地名字服务器可能不是 000161 域、000162 域、000163 域、000164 域、000165 域或 000166 域的管理机构，可能需要与其他名字服务器联系以完成解析。为了使指针查询的解析高效，数字域名根域名服务器维持了一个数据库，其中含有有效 IP 地址和能解析各个地址的服务器的有关信息。

（6）数字域名标准的实施。

本规范实现的系统与现有域名系统兼容，即可以正确判断和处理数字域名、中文域名、英文域名或其他语言域名。数字域名的管理机构由十进制网络工作组具体负责实施。

本域名规范包括中国国内数字域名编码，可查询 SJ/T 11271-2002 附录 A 中表 A.1；香港、澳门、台湾地区数字域名编码可查询 SJ/T 11271-2002 附录 A 中表 A.2；国家和地区数字域名编码可查询 SJ/T 11271-2002 附录 B 中表 B.1；特殊业务数字域名编码可查询 SJ/T 11271-2002 附录 C 中表 C.1；行业编码查询 SJ/T 11271-2002

附录 D 中表 D.1。此处不再列举。

4.5.2 顶级字符域名

在十进制网络地址空间基础上运行的母根服务器、主根服务器、N 至 Z 命名的 13 个根域名解析服务器、三字符的国家顶级域名（.CHN、.USA 等）解析服务器、二级域名解析服务器、IPV9 反向解析服务器已全部完成工业设计，进入生产和运营阶段，运行良好。

典型的十进制网络域名如下：中国.CHN、美国.USA、俄罗斯.RUS、日本.JPN、德国.DEU、法国.FRA、英国.GBR、韩国.KOR 等，国家和地区如表 4.7 所示，行业域名表如表 4.8 所示。

表 4.7　十进制网络国家和地区顶级域名表（按字符先后顺序）

序号	国家或地区	域名	序号	国家或地区	域名
1	Andorra 安道尔	AND	21	Burkina 布基纳法索	BFA
2	United Arab Emirates 阿联酋	ARE	22	Bulgaria 保加利亚	BGR
3	Afghanistan 阿富汗	AFG	23	Bahrain 巴林	BHR
4	Antigua & Barbuda 安提瓜和巴布达	ATG	24	Burundi 布隆迪	BDI
5	Anguilla 安圭拉	AIA	25	Benin 贝宁	BEN
6	Albania 阿尔巴尼亚	ALB	26	Saint Barthélemy 圣巴泰勒米岛	BLM
7	Armenia 亚美尼亚	ARM	27	Bermuda 百慕大	BMU
8	Angola 安哥拉	AGO	28	Brunei 文莱	BRN
9	Antarctica 南极洲	ATA	29	Bolivia 玻利维亚	BOL
10	Argentina 阿根廷	ARG	30	Caribbean Netherlands 荷兰加勒比区	BES
11	American Samoa 美属萨摩亚	ASM	31	Brazil 巴西	BRA
12	Austria 奥地利	AUT	32	The Bahamas 巴哈马	BHS
13	Australia 澳大利亚	AUS	33	Bhutan 不丹	BTN
14	Aruba 阿鲁巴	ABW	34	Bouvet Island 布韦岛	BVT
15	aland Island 奥兰群岛	ALA	35	Botswana 博茨瓦纳	BWA
16	Azerbaijan 阿塞拜疆	AZE	36	Belarus 白俄罗斯	BLR
17	Bosnia & Herzegovina 波黑	BIH	37	Belize 伯利兹	BLZ
18	Barbados 巴巴多斯	BRB	38	Canada 加拿大	CAN
19	Bangladesh 孟加拉国	BGD	39	Cocos (Keeling) Islands 科科斯群岛	CCK
20	Belgium 比利时	BEL	40	Central African Republic 中非	CAF

续表

序号	国家或地区	域名	序号	国家或地区	域名
41	Switzerland 瑞士	CHE	70	Grenada 格林纳达	GRD
42	Chile 智利	CHL	71	Georgia 格鲁吉亚	GEO
43	Cameroon 喀麦隆	CMR	72	French Guiana 法属圭亚那	GUF
44	Colombia 哥伦比亚	COL	73	Ghana 加纳	GHA
45	Costa Rica 哥斯达黎加	CRI	74	Gibraltar 直布罗陀	GIB
46	Cuba 古巴	CUB	75	Greenland 格陵兰	GRL
47	Cape Verde 佛得角	CPV	76	Guinea 几内亚	GIN
48	Christmas Island 圣诞岛	CXR	77	Guadeloupe 瓜德罗普	GLP
49	Cyprus 塞浦路斯	CYP	78	Equatorial Guinea 赤道几内亚	GNQ
50	Czech Republic 捷克	CZE	79	Greece 希腊	GRC
51	Germany 德国	DEU	80	South Georgia and the South Sandwich Islands 南乔治亚岛和南桑威奇群岛	SGS
52	Djibouti 吉布提	DJI	81	Guatemala 危地马拉	GTM
53	Denmark 丹麦	DNK	82	Guam 关岛	GUM
54	Dominica 多米尼克	DMA	83	Guinea-Bissau 几内亚比绍	GNB
55	Dominican Republic 多米尼加	DOM	84	Guyana 圭亚那	GUY
56	Algeria 阿尔及利亚	DZA	85	Hong Kong 中国香港	HKG
57	Ecuador 厄瓜多尔	ECU	86	Heard Island and McDonald Islands 赫德岛和麦克唐纳群岛	HMD
58	Estonia 爱沙尼亚	EST	87	Honduras 洪都拉斯	HND
59	Egypt 埃及	EGY	88	Croatia 克罗地亚	HRV
60	Western Sahara 西撒哈拉	ESH	89	Haiti 海地	HTI
61	Eritrea 厄立特里亚	ERI	90	Hungary 匈牙利	HUN
62	Spain 西班牙	ESP	91	Indonesia 印尼	IDN
63	Finland 芬兰	FIN	92	Ireland 爱尔兰	IRL
64	Fiji 斐济群岛	FJI	93	Israel 以色列	ISR
65	Falkland Islands 马尔维纳斯群岛（福克兰）	FLK	94	Isle of Man 马恩岛	IMN
66	Federated States of Micronesia 密克罗尼西亚联邦	FSM	95	India 印度	IND
67	Faroe Islands 法罗群岛	FRO	96	British Indian Ocean Territory 英属印度洋领地	IOT
68	France 法国	FRA	97	Iraq 伊拉克	IRQ
69	Gabon 加蓬	GAB	98	Iran 伊朗	IRN

续表

序号	国家或地区	域名	序号	国家或地区	域名
99	Iceland 冰岛	ISL	130	Martinique 马提尼克	MTQ
100	Italy 意大利	ITA	131	Mauritania 毛里塔尼亚	MRT
101	Jersey 泽西岛	JEY	132	Montserrat 蒙塞拉特岛	MSR
102	Jamaica 牙买加	JAM	133	Malta 马耳他	MLT
103	Jordan 约旦	JOR	134	Maldives 马尔代夫	MDV
104	Japan 日本	JPN	135	Malawi 马拉维	MWI
105	Cambodia 柬埔寨	KHM	136	Mexico 墨西哥	MEX
106	Kiribati 基里巴斯	KIR	137	Malaysia 马来西亚	MYS
107	The Comoros 科摩罗	COM	138	Namibia 纳米比亚	NAM
108	Kuwait 科威特	KWT	139	Niger 尼日尔	NER
109	Cayman Islands 开曼群岛	CYM	140	Norfolk Island 诺福克岛	NFK
110	Lebanon 黎巴嫩	LBN	141	Nigeria 尼日利亚	NGA
111	Liechtenstein 列支敦士登	LIE	142	Nicaragua 尼加拉瓜	NIC
112	Sri Lanka 斯里兰卡	LKA	143	Netherlands 荷兰	NLD
113	Liberia 利比里亚	LBR	144	Norway 挪威	NOR
114	Lesotho 莱索托	LSO	145	Nepal 尼泊尔	NPL
115	Lithuania 立陶宛	LTU	146	Nauru 瑙鲁	NRU
116	Luxembourg 卢森堡	LUX	147	Oman 阿曼	OMN
117	Latvia 拉脱维亚	LVA	148	Panama 巴拿马	PAN
118	Libya 利比亚	LBY	149	Peru 秘鲁	PER
119	Morocco 摩洛哥	MAR	150	French polynesia 法属波利尼西亚	PYF
120	Monaco 摩纳哥	MCO	151	Papua New Guinea 巴布亚新几内亚	PNG
121	Moldova 摩尔多瓦	MDA	152	The Philippines 菲律宾	PHL
122	Montenegro 黑山	MNE	153	Pakistan 巴基斯坦	PAK
123	Saint Martin（France）法属圣马丁	MAF	154	Poland 波兰	POL
124	Madagascar 马达加斯加	MDG	155	Pitcairn Islands 皮特凯恩群岛	PCN
125	Marshall islands 马绍尔群岛	MHL	156	Puerto Rico 波多黎各	PRI
126	Republic of Macedonia（FYROM）马其顿	MKD	157	Palestinian territories 巴勒斯坦	PSE
127	Mali 马里	MLI	158	Palau 帕劳	PLW
128	Myanmar（Burma）缅甸	MMR	159	Paraguay 巴拉圭	PRY
129	Macao 中国澳门	MAC	160	Qatar 卡塔尔	QAT

续表

序号	国家或地区	域名	序号	国家或地区	域名
161	Réunion 留尼汪	REU	187	Thailand 泰国	THA
162	Romania 罗马尼亚	ROU	188	Tokelau 托克劳	TKL
163	Serbia 塞尔维亚	SRB	189	Timor-Leste（East Timor）东帝汶	TLS
164	Russian Federation 俄罗斯	RUS	190	Tunisia 突尼斯	TUN
165	Rwanda 卢旺达	RWA	191	Tonga 汤加	TON
166	Solomon Islands 所罗门群岛	SLB	192	Turkey 土耳其	TUR
167	Seychelles 塞舌尔	SYC	193	Tuvalu 图瓦卢	TUV
168	Sudan 苏丹	SDN	194	Tanzania 坦桑尼亚	TZA
169	Sweden 瑞典	SWE	195	Ukraine 乌克兰	UKR
170	Singapore 新加坡	SGP	196	Uganda 乌干达	UGA
171	Slovenia 斯洛文尼亚	SVN	197	United States of America（USA）美国	USA
172	Template: Country data SJM Svalbard 斯瓦尔巴群岛和 扬马延岛	SJM	198	Uruguay 乌拉圭	URY
173	Slovakia 斯洛伐克	SVK	199	Vatican City（The Holy See）梵蒂冈	VAT
174	Sierra Leone 塞拉利昂	SLE	200	Venezuela 委内瑞拉	VEN
175	San Marino 圣马力诺	SMR	201	British Virgin Islands 英属维尔京群岛	VGB
176	Senegal 塞内加尔	SEN	202	United States Virgin Islands 美属维尔京群岛	VIR
177	Somalia 索马里	SOM	203	Vietnam 越南	VNM
178	Suriname 苏里南	SUR	204	Wallis and Futuna 瓦利斯和富图纳	WLF
179	South Sudan 南苏丹	SSD	205	Samoa 萨摩亚	WSM
180	Sao Tome & Principe 圣多美和普林西比	STP	206	Yemen 也门	YEM
181	El Salvador 萨尔瓦多	SLV	207	Mayotte 马约特	MYT
182	Syria 叙利亚	SYR	208	South Africa 南非	ZAF
183	Swaziland 斯威士兰	SWZ	209	Zambia 赞比亚	ZMB
184	Turks & Caicos Islands 特克斯和凯科斯群岛	TCA	210	Zimbabwe 津巴布韦	ZWE
185	Chad 乍得	TCD	211	China 中国 内地	CHN
186	Togo 多哥	TGO	212	Republic of the Congo 刚果（布）	COG

续表

序号	国家或地区	域名	序号	国家或地区	域名
213	Democratic Republic of the Congo 刚果（金）	COD	231	Laos 老挝	LAO
214	Mozambique 莫桑比克	MOZ	232	North Korea 朝鲜	PRK
215	Guernsey 根西岛	GGY	233	South Korea 韩国 南朝鲜	KOR
216	Gambia 冈比亚	GMB	234	Portugal 葡萄牙	PRT
217	Northern Mariana Islands 北马里亚纳群岛	MNP	235	Kyrgyzstan 吉尔吉斯斯坦	KGZ
218	Ethiopia 埃塞俄比亚	ETH	236	Kazakhstan 哈萨克斯坦	KAZ
219	New Caledonia 新喀里多尼亚	NCL	237	Tajikistan 塔吉克斯坦	TJK
220	Vanuatu 瓦努阿图	VUT	238	Turkmenistan 土库曼斯坦	TKM
221	French Southern Territories 法属南部领地	ATF	239	Uzbekistan 乌兹别克斯坦	UZB
222	Niue 纽埃	NIU	240	St. Kitts & Nevis 圣基茨和尼维斯	KNA
223	United States Minor Outlying Islands 美国本土外小岛屿	UMI	241	Saint-Pierre and Miquelon 圣皮埃尔和密克隆	SPM
224	Cook Islands 库克群岛	COK	242	St. Helena & Dependencies 圣赫勒拿	SHN
225	Great Britain（United Kingdom; England）英国	GBR	243	St. Lucia 圣卢西亚	LCA
226	Trinidad & Tobago 特立尼达和多巴哥	TTO	244	Mauritius 毛里求斯	MUS
227	St. Vincent & the Grenadines 圣文森特和格林纳丁斯	VCT	245	Cote d'Ivoire 科特迪瓦	CIV
228	Taiwan 中国台湾地区/台湾省	TWN	246	Kenya 肯尼亚	KEN
229	New Zealand 新西兰	NZL	247	Mongolia 蒙古国 蒙古	MNG
230	Saudi Arabia 沙特阿拉伯	SAU			

注：根据国际标准化组织的 ISO 3166-1 国际标准中的标准国家代码，新的国家顶级域名废除了两个国家顶级域名（荷属安的列斯和南斯拉夫），增加新的 10 个国家顶级域名（根西岛、南苏丹、塞尔维亚、法属圣马丁、黑山、泽西岛、马恩岛、西撒哈拉、荷兰加勒比区、圣巴泰勒米岛），合计共有 247 个。

表 4.8　IPV9 行业域名表（按字符先后顺序）

行业域名 v4/v6	行业域名 v9/未来网络	数字域名	表示机构和组织类型
	IC Information classification and coding	0001	信息分类与编码

续表

行业域名 v4/v6	行业域名 v9/未来网络	数字域名	表示机构和组织类型
COM	Ct Commercial entity	0300	盈利性的商业实体
EDU	EF Educational Institutions or Facilities	0301	教育机构或设施
GOV	NG Non Military Government or Organization	0302	非军事性政府或组织
INT	IA International Agencies	0303	国际性机构
NET	NR Net resource	0304	网络资源组织
ORG	NPO Non Profit Organizations	0305	非盈利性组织机构
MIL	MIF Military Institutions or Facilities	0306	军事机构或设施
FIRM	AC A Business Entity or Company	0307	商业实体或公司
SHOP	MK Market	0308	商场
WEB	WRE WWW Related Entities	0309	与 WWW 有关的实体
ARTS	CE Culture and Entertainment	0310	文化娱乐
REC	RE Recreation and Entertainment	0311	消遣性娱乐
INFO	IS Information Service	0312	信息服务
NOM	IN Individual	0313	个人
ARPA		0314	（美国国防部）高级研究计划局 Defense Advanced Research Projects Agency
	CDD/IPV9 Chinese Department of Defense	0315	中国国防部（暂定）
	UPO/未来网络 UN Peacekeeping Operations	0316	联合国维和行动
	GCR/未来网络/IPV9 Goods and Commodity Code Resources	015	物品与商品编码资源机构

4.6　十进制网络协议簇

4.6.1　十进制网络协议组成

十进制网络协议组成包括网络协议、路由协议和应用协议，介绍如下。

1．网络协议

IEEE802.3、IEEE802.3u、IEEE802.3z、IEEE802.3ab、IEEE802.3ae、IEEE802.3ak、IEEE802.3an、IEEE802.3x、IEEE802.3ab、IEEE802.1p、IEEE802.1x、IEEE802.1Q、IEEE802.1D、IEEE802.1w、IEEE802.1s、RERP、SPAN、IGMP、Snooping、Jumbo、Frame（9Kbytes）、QinQ、GVRP、RLDP 等。

2．路由协议（IPv4）

BGP4、IS-IS、OSPFv2、RIPV1、RIPV2、IGMPv1/v2/v3、PIM-SSM/SM/DM、MBGP、LPM Routing、Policy-based Routing、Route-policy、ECMP、VRRP 等。

3．路由协议（十进制网络）

DHCPv9、OSPFv3、NAT-PT、TCPv9、UDPv9、SOCKETv9、9over4 隧道、4over9 隧道、9to4、4to9 等。

目前 IPV9 系统路由器主要包括两种：TYWR100M（100M 路由器）和 TYWR1000M（1000M 路由器）。支持的协议介绍如下。

（1）TYWR100M（100M 路由器）。

IEEE 802.11g、IEEE 802.11b、IEEE802.3、IEEE802.3u、IEEE802.3x、IEEE802.1x CSMA/CA、CSMA/CD、TCP/IPv4/v9、DHCP4/v9、ICMP4/v9、NAT、PPPoE

（2）TYWR1000M（1000M 路由器）。

IEEE 802.11g、IEEE 802.11b、IEEE802.3、IEEE802.3u、IEEE802.3x、IEEE802.1x CSMA/CA、CSMA/CD、TCP/IPv4/v9、DHCP4/v9、ICMP4/v9、NAT、PPPoE

4．应用协议（未来网络 IPV9）

SSH9、ping9、route9、tunnel9、ftp9 等。

4.6.2　IPV9 支持的端口

（1）TYWR100M（100M 路由器）。

4 个 10/100M 自适应 RJ45 LAN 端口（AUTO MDI/MDIX）

1 个 10/100M 自适应 RJ45 WAN 端口（Auto MDI/MDIX）

（2）TYWR1000M（1000M 路由器）。

4 个 100/1000M 自适应 RJ45 LAN 端口（AUTO MDI/MDIX）

1 个 100/1000M 自适应 RJ45 WAN 端口（Auto MDI/MDIX）

4.6.3　IPV9 协议测试

通过某应用网站运行，实际测试 TCP9 协议运行界面如图 4.6 所示。

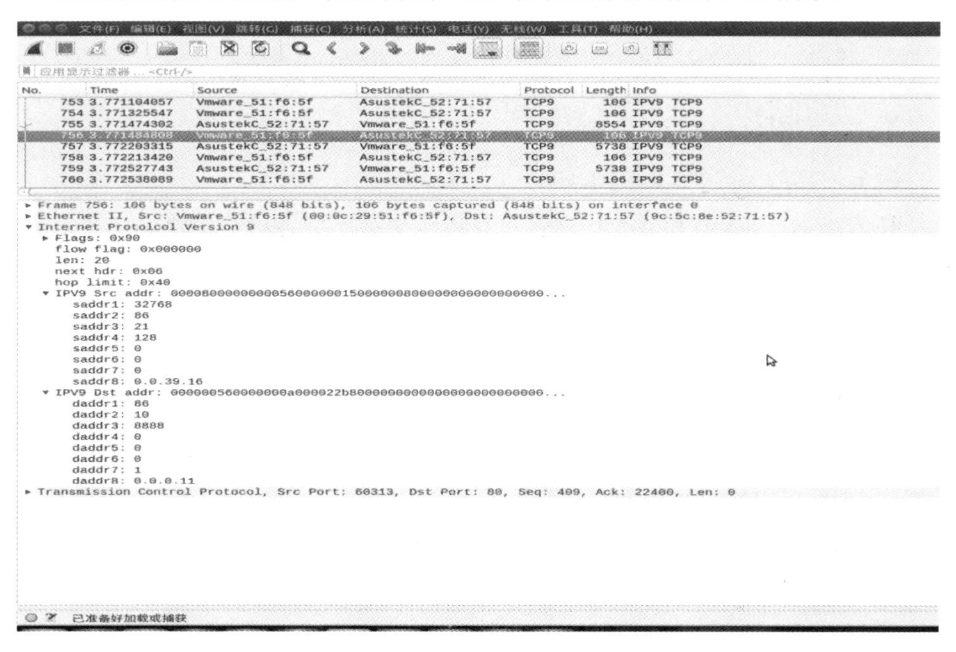

图 4.6　TCP9 协议测试界面

4.7　十进制网络路由器

路由器的主要作用是对不同网络之间的数据包进行存储、分组转发处理，路由器能够连接任意的两种不同的网络，但是这两种不同的网络之间要使用相同的网络层协议，这样才能够被路由器连接。路由技术简单来说就是对网络上众多的信息进行转发与交换的一门技术，也就是通过网络将信息从源地址传送到目的地址。为了完成不同的功能，IPV9 系统设计了不同类型的路由器。

4.7.1 十进制网络字符路由器

1．产品概述

IPv4/IPV9 字符路由器 V9RPT 提供 IPV9 网络和 IPv4 网络之间的路由功能。字符路由器提供了字符和路由两种功能。IPV9 网络和 IPv4 网络之间可以自由通信。

2．产品特征

使用环境：IPV9 兼容 32 位地址的网络环境。

功能特性：IPV9 和 IPv4 协议的互相转换和实现路由功能。

3．技术指标

（1）产品型号：TY-V9RPT-100。

技术指标：IPV9 和 IPv4 协议的互相转换；支持各种路由协议；完全兼容 Window 2003 路由和远程访问。

接口指标：输入 10/100M，输出 10/100M。

工作电源：220VAC/50Hz；功耗≤10W。

工作温度：−5～+45℃；相对湿度：10%～90%RH。

尺寸：448 mm × 437mm × 956mm。

（2）产品型号：TY-V9RPT-1000。

技术指标：IPV9 和 IPv4 协议的互相转换；支持各种路由协议；完全兼容 Window 2003 路由和远程访问。

接口指标：输入 1000M，最大可达 2.5G；输出 1000M，最大可达 2.5G。

工作电源：220VAC/50Hz；功耗≤10W。

工作温度：−5～+45℃；相对湿度：10%～90%RH。

尺寸：448 mm × 437mm × 956mm。

4.7.2 十进制网络编码路由器

1．产品概述

IPv4/IPV9 编码路由器 V9RFID_R 提供 IPV9 网络和 IPv4 网络之间的路由功能。编码路由器提供了字符和路由两种功能。IPV9 网络和 IPv4 网络之间可以自由通信，应用于物联网领域。

2．产品特征

使用环境。IPV9 系统按照 IPV9 协议及规范设计为两个独立的系统：按地址

分配协议为 2^{256} 次方地址；按 IPv4 的 32 位地址以一定的规律影射成 256 位地址，组成 IPV9 下的 IPv4 专用网络；按照 RFID 条码编码规则分配的条码地址。

功能特性。支持 IPv4、IPV9 双协议栈；支持采用 IPv4 over IPV9；IPV9 over IPv4 两种隧道；支持 OSPF/V9 协议、静态路由协议、ICMP/V9 协议；支持 IPv4/NAT、IPv4/DHCP 功能，允许 IPv4 局域网用户同时接入因特网；可以通过以太网接口和远程 SSH 连接，进行配置和管理。

3. 技术指标

（1）产品型号：TY-IPV9RFID-R-100。

技术指标：IPV9 和 IPv4 协议的互相转换；支持各种路由协议；完全兼容 Window 2003 路由和远程访问。

接口指标：输入 10/100M，输出 10/100M。

工作电源：220VAC/50Hz；功耗≤10W。

工作温度：−5～+45℃；相对湿度：10%～90%RH。

尺寸：448 mm × 437mm × 956mm。

（2）产品型号：TY-IPV9RFID-R-1000。

技术指标：IPV9 和 IPv4 协议的互相转换；支持各种路由协议；完全兼容 Window 2003 路由和远程访问。

接口指标：输入 1000M，最大可达 2.5G；输出 1000M，最大可达 2.5G。

工作电源：220VAC/50Hz；功耗≤10W。

工作温度：−5～+45℃；相对湿度：10%～90%RH。

尺寸：448 mm × 437mm × 956mm。

4.7.3 十进制网络百兆路由器

1. 产品概述

该路由器是集 IPv4/IPV9 双协议栈、IPv4/IPV9 协议转换、IPV9 over IPv4 隧道静态与动态搭建功能的多协议多功能路由器。用于基于 IPV9 协议的安全、独立、可靠的专用网络的搭建，并通过隧道路由方式跨越已有 IPv4 公网，实现专用网络间通信。应用于家庭及小企业（<10 台 PC）应用。

2. 产品特征

使用环境。IPV9 系统按照 IPV9 协议及规范设计为两个独立的系统：按地址分配协议为 2^{256} 地址；按 IPv4 的 32 位地址以一定的规律影射成 256 位地址，组成

IPV9 下的 IPv4 专用网络。

功能特性。支持 IPv4、IPV9 双协议栈；支持采用 IPv4 over IPV9；IPV9 over IPv4 两种隧道；支持 OSPF/V9 协议、静态路由协议、ICMP/V9 协议；支持 IPv4/NAT、IPV4/DHCP 功能，允许 IPv4 局域网用户同时接入因特网；可以通过以太网接口和远程 SSH 连接，进行配置和管理。

3．技术指标

产品型号：TY-IPV9R-100A。

模块插槽：设备为嵌入式，无插槽。用户数：可自带 50～100 名联网用户。

交换容量：70M。包转发速率：70M。路由表项：6000。路由层次：1～41。

L2 协议：IEEE802.3、IEEE802.3u、IEEE802.3z、IEEE802.3ab、IEEE802.3ae、IEEE802.3ak、IEEE802.3an、IEEE802.3x、IEEE802.3ad、IEEE802.1p、IEEE802.1x、IEEE802.1Q、IEEEE802.1D、IEEEE802.1w、IEEEE802.1s、RERP、SPAN、IGMP、Snooping、Jumbo Frame（9Kbytes）、QinQ、GVRP、RLDP。

L3 协议（IPv4）：BGP4、IS-IS、OSPFv2、RIPV1、RIPV2、IGMP v1/v2/v3、DVMRP、PIM-SSM/SM/DM、MBGP、LPM Routing、Policy-based Routing、Route-policy、ECMP、WCMP、VRRP。

IPV9 协议：DHCPv9、OSPFV3、NAT-PT、TCP/UDP for IPV9、SOCKET for IPV9、手工隧道、9to4 隧道、4to9 隧道。

专业安全技术：NPFF、CPP、防 DDoS 攻击、非法数据包检测、数据加密、防源 IP 欺骗、防 IP 扫描。

工作电源：100～240VAC，50～60Hz，功率：280W。

工作温度：0～40℃；存储温度：-40℃～+70℃。

工作湿度：10%～90%RH；存储湿度：5%～95% RH。

尺寸：448 mm × 437mm × 956mm。

4.7.4 十进制网络千兆路由器

1．产品概述

该路由器是集 IPv4/IPV9 双协议栈、IPv4/IPV9 协议转换、IPV9 over IPv4 隧道静态与动态搭建功能的多协议多功能路由器。用于基于 IPV9 协议的安全、独立、可靠的专用网络的搭建，并通过隧道路由方式跨越已有 IPv4 公网，实现专用网络间通信。

2．产品特征

使用环境。IPV9 系统按照 IPV9 协议及规范设计为两个独立的系统：按地址分配协议为 2^{256} 地址；按 IPv4 的 32 位地址以一定的规律影射成 256 位地址组成 IPV9 下的 IPv4 专用网络。

功能特性。支持 IPv4、IPV9 双协议栈；支持采用 IPv4 over IPV9；IPV9 over IPv4 两种隧道；支持 OSPF/V9 协议、静态路由协议、ICMP/V9 协议；支持 IPv4/NAT、IPV4/DHCP 功能，允许 IPv4 局域网用户同时接入因特网；可以通过以太网接口和远程 SSH 连接，进行配置和管理。

3．技术指标

产品型号：TY-IPV9R-1000。

模块插槽：5 个；交换容量：800M；包转发速率：800M；路由层次：1～41；路由表项：10 万。

L2 协议：IEEE802.3、IEEE802.3u、IEEE802.3z、IEEE802.3ab、IEEE802.3ae、IEEE802.3ak、IEEE802.3an、IEEE802.3x、IEEE802.3ad、IEEE802.1p、IEEE802.1x、IEEE802.1Q、IEEEE802.1D、IEEEE802.1w、IEEEE802.1s、RERP、SPAN、IGMP、Snooping、Jumbo Frame（9Kbytes）、QinQ、GVRP、RLDP。

L3 协议（IPv4）：BGP4、IS-IS、OSPFv2、RIPV1、RIPV2、IGMP v1/v2/v3、DVMRP、PIM-SSM/SM/DM、MBGP、LPM Routing、Policy-based Routing、Route-policy、ECMP、WCMP、VRRP。

IPV9 协议：DHCPv9、OSPFV3、NAT-PT、TCP/UDP forIPV9、SOCKET for IPV9、手工隧道、9to4 隧道、4to9 隧道。

专业安全技术：NPFF、CPP、防 DDoS 攻击、非法数据包检测、数据加密、防源 IP 欺骗、防 IP 扫描。

工作电源：100～240VAC，50～60Hz，功率：600W。

工作温度：0～40℃；存储温度：-40～+70℃。

工作湿度：10%～90%RH；存储湿度：5%～95%RH。

尺寸：448 mm × 437mm × 956mm。

4.7.5　十进制网络万兆路由器

1．产品概述

IPv4/IPV9 路由器是集 IPv4/IPV9 双协议栈、IPv4/IPV9 协议转换、IPV9 over

IPv4 隧道静态与动态搭建功能的多协议多功能路由器。用于基于 IPV9 协议的安全、独立、可靠的专用网络的搭建，并通过隧道，路由方式跨越已有 IPv4 公网实现专用网络间通信。

2．产品特征

使用环境。IPV9 系统按照 IPV9 协议及规范设计为两个独立的系统：按地址分配协议为 2^{256} 地址；按 IPv4 的 32 位地址以一定的规律影射成 256 位地址组成 IPV9 下的 IPv4 专用网络。

功能特性。支持 IPv4、IPV9 双协议栈；支持采用 IPv4 over IPV9；IPV9 over IPv4 两种隧道；支持 OSPF/V9 协议、静态路由协议、ICMP/V9 协议；支持 IPv4/NAT、IPV4/DHCP 功能，允许 IPv4 局域网用户同时接入因特网；可以通过以太网接口和远程 SSH 连接，进行配置和管理。

3．技术指标

产品型号：TY-IPV9R-WCG。

模块插槽：6 个（2 个用于管理引擎模块）。交换容量：40G（支持更高带宽的未来扩展）。包转发速率：595Mpps。路由层次：1～41。路由表项：100 万。

L2 协议：IEEE802.3、IEEE802.3u、IEEE802.3z、IEEE802.3ab、IEEE802.3ae、IEEE802.3ak、IEEE802.3an、IEEE802.3x、IEEE802.3ad、IEEE802.1p、IEEE802.1x、IEEE802.1Q、IEEEE802.1D、IEEEE802.1w、IEEEE802.1s、RERP、SPAN、IGMP、Snooping、Jumbo Frame（9Kbytes）、QinQ、GVRP、RLDP。

L3 协议（IPV4）：BGP4、IS-IS、OSPFv2、RIPV1、RIPV2、IGMP、v1/v2/v3、DVMRP、PIM-SSM/SM/DM、MBGP、LPM Routing、Policy-based Routing、Route-policy、ECMP、WCMP、VRRP。

IPV9 协议：DHCPv9、OSPFV3、NAT-PT、TCP/UDP for IPV9、SOCKET for IPV9、手工隧道、9to4 隧道、4to9 隧道.

专业安全技术：NPFF、CPP、防 DDoS 攻击、非法数据包检测、数据加密、防源 IP 欺骗、防 IP 扫描。

工作电源：100～240VAC，50～60Hz，功率：1200W。

工作温度：0～40℃；存储温度：-40℃～+70℃。

工作湿度：10%～90%RH；存储湿度：5%～95%RH。

尺寸：448mm × 437mm × 956mm。

4.7.6　路由器应用设置

1. 登录路由器配置界面

在浏览器地址栏中输入 192.168.1.1，回车后出现授权界面，如图 4.7 所示。

需要授权

请输入用户名和密码。

用户名

密码

登录　复位

Powered by LuCI for-15.05 branch (svn-r2310) / OpenWrt Chaos Calmer 15.05.1 r49389

图 4.7　路由器授权界面

输入默认用户名 root，默认密码 shsjzwlxxkjyxgs（上海十进制网络信息科技有限公司的首字母小写），单击登录按钮，登录后会看到如图 4.8 所示的总览界面。

IPV9总览

IPV9接入级路由器，接入虚拟专网，提供IPV9内网服务,保障信息服务安全．通过本产品，您可访问IPV9骨干网提供的DNS/NTP等基础网络服务，并能访问虚拟网络 内部架设的开放式应用服务，如视频播放．

互联网连接	在线
Tr069 状态	在线
隧道 状态	在线
IPv4地址	192.168.1.1
IPV9地址	
注册类型	个人
分类编号	TYR200A
设备系列号	58eaf3a173bba
设备状态	设备授权
软件版本	0.4.2
自动检测	☐
默认激活VPN	☑

图 4.8　IPV9 总览界面

2. IPV9 用户注册

第一次使用 IPV9 的用户，在使用之前请先注册用户。用户类型分为个人和企业，个人路由注册设备之后自动分配地址，无须手动分配地址，企业路由则手动分配地址且一个企业账户能够注册多个设备。注册之前需要发送手机短信验证码，进行确认。用户注册界面如图 4.9 所示。注册步骤如下。

图 4.9　用户注册界面

（1）单击菜单进行 IPV9 用户注册。

（2）输入用户名、密码、确认密码、注册类型、真实姓名、证件类型、证件号码、电子邮件、手机、企业名称、地址、邮政编码、备注。

（3）输入手机号码，单击右边的“发送验证码”按钮。

（4）手机接收到验证码后，填入验证码。

（5）单击下方的“用户注册”按钮。

3. 设备注册

个人用户设备注册时，不仅注册设备信息自动分配 IPv4/IPV9 地址到设备，企业用户仅注册设备信息。设备注册界面如图 4.10 所示，步骤如下。

图 4.10　设备注册界面

（1）单击菜单“IPV9/设备注册”选项。

（2）选择选择“城市”。

（3）单击下方的“设备注册”按钮。

4. 配置 Wi-Fi

单击“网络”→“Wi-Fi”选项，出现界面如图 4.11 所示。

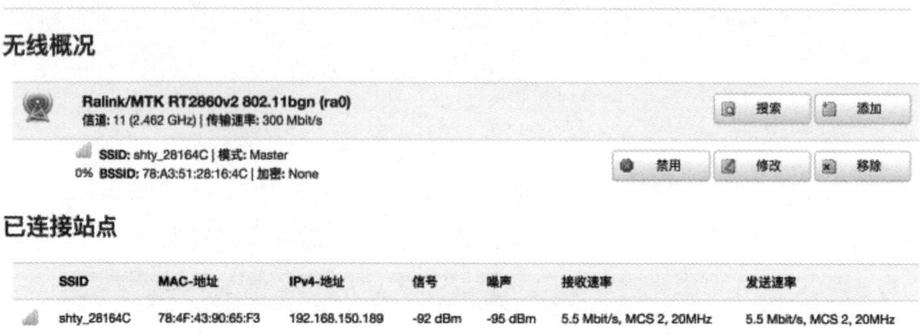

无线概况

Ralink/MTK RT2860v2 802.11bgn (ra0)
信道: 11 (2.462 GHz) | 传输速率: 300 Mbit/s

搜索 添加

SSID: shty_28164C | 模式: Master
0% BSSID: 78:A3:51:28:16:4C | 加密: None

禁用 修改 移除

已连接站点

SSID	MAC-地址	IPv4-地址	信号	噪声	接收速率	发送速率
shty_28164C	78:4F:43:90:65:F3	192.168.150.189	-92 dBm	-95 dBm	5.5 Mbit/s, MCS 2, 20MHz	5.5 Mbit/s, MCS 2, 20MHz

图 4.11　Wi-Fi 配置界面

在上图中可以看到 Wi-Fi 的工作状态，如果需要修改 Wi-Fi 的配置，单击“修改”按钮，出现界面如图 4.12 所示。

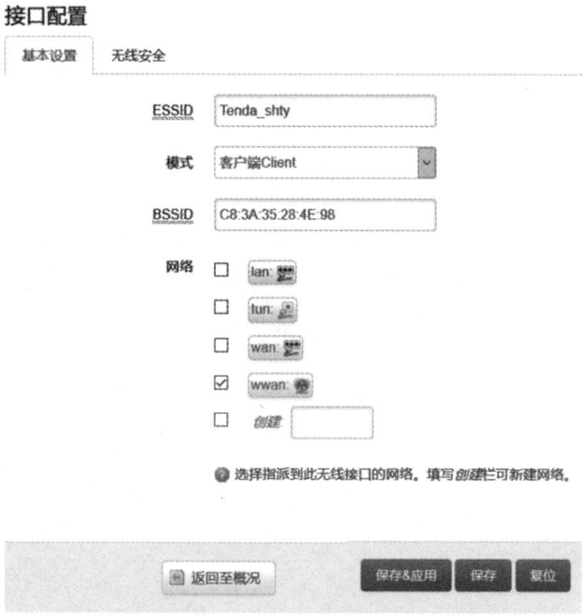

接口配置

基本设置　无线安全

ESSID　Tenda_shty

模式　客户端Client

BSSID　C8:3A:35:28:4E:98

网络　lan:　tun:　wan:　wwan:　创建

选择指派到此无线接口的网络。填写创建栏可新建网络。

返回至概况　保存&应用　保存　复位

图 4.12　路由器接口配置界面

在上图中可以修改 Wi-Fi 名称。在 ESSID 编辑框中输入路由器的名称，设置完成后，单击下方的“保存&应用”即可。在界面中单击“无限安全”选项可以设置 Wi-Fi 密码，如图 4.13 所示。

配置设备 Wi-Fi 的加密方式，一般推荐使用上图所示的加密模式（WPA-PSK/WPA2-Psk Mixed Mode）输入新的密码后，单击“保存&应用”按钮即可。

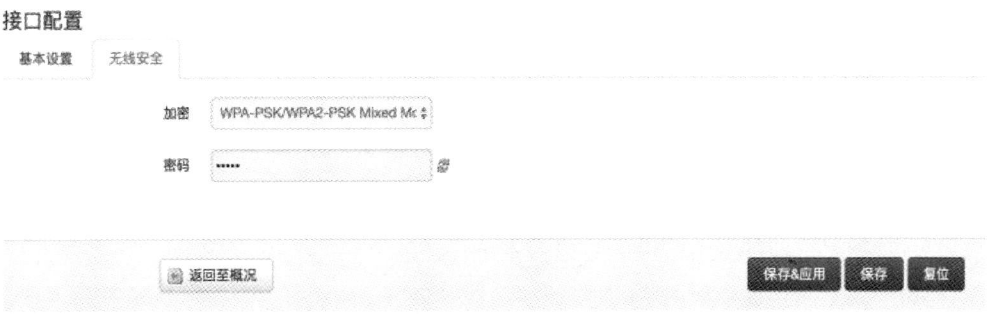

接口配置

基本设置　无线安全

加密　WPA-PSK/WPA2-PSK Mixed Mc

密码　•••••

返回至概况　保存&应用　保存　复位

图 4.13　Wi-Fi 密码设置界面

本 章 小 结

本章介绍了十进制网络系统组成，包括硬件服务器系统和软件协议部分；介绍了十进制网络的核心技术基础，采用全数字码（十进制数）给上网的计算机分配地址的方法及该方法在实际中的应用，地址表示方法、协议簇和路由器这些技术组成了十进制网络的核心技术，同时介绍了数字域名系统的组成特点、顶级国家三字符域名系统和行业域名，为正确理解十进制网络系统建立了坚实的理论基础。

第 5 章　十进制网络数据报结构

数据报是通过网络传输的数据基本单元，包含一个报头（header）和数据本身。其中，报头描述了数据的目的地及与其他数据之间的关系。数据报是完备的、独立的数据实体，该实体携带从源计算机传递到目的计算机的信息，该信息不依赖以前在源计算机和目的计算机及传输网络间交换。TCP/IP 协议定义了在互联网上传输的包，称为 IP 数据报（IP Datagram），是网络层的协议，是 TCP/IP 协议簇的核心协议。IP 是一个与硬件无关的虚拟包，由首部和数据两部分组成。IPv4 首部是固定长度，共 20 字节，是所有 IP 数据报必须具有的。在首部的固定部分的后面是一些可选字段，其长度是可变的。首部中的源地址和目的地址都是 IP 协议地址。

中国十进制网络标准工作组采用全数字码给上网的计算机分配地址的方法，全面研究并设计了未来网络数据报结构，它是国际互联网协议的一个新的版本，是 IPv4[RFC-791]和 IPv6[RFC-1883]、[RFC-2464]的后继版本，十进制网络是一个全新的网络架构，是 RFC1606、RFC1607 对新一代世纪网络展望的实际论证，是未来网络地址的解决方案，是未来数字世界的基石。

5.1　设计总体目标

为了与现有的国际互联网体系兼容，在研究已有标准 IPv4[RFC-791]和 IPv6[RFC-1883]、[RFC-2464]的基础上，制定了 IPV9 数据报设计总体目标。

（1）扩展地址容量。

IPV9 将 IP 的地址长度从 32 位、128 位增加到 1024 位，以支持更多的地址层次、更多的可寻址节点和更简单的自动地址配置。同时增加了将 IPv4 的 32 位地址长度减少到 16 位，以解决移动通信中蜂窝通信的快捷应用。

（2）不定长不定位机制。

采用了不定长不定位的方法，以减少网络的开销。通过为组播地址增加一个“范围”字段，提高了组播路由的可扩展性。它定义了一个新的地址类型“任意广播地址”，用于把数据报发送给一组节点中的任意一个。

（3）简化及改进首标格式。

部分 IPv4 的首标字段被取消或变为可选项，以降低数据包控制上公共处理的开销，并限制 IPV9 首标的带宽开销。改变了首标选项的编码方式，以容许更有效的转发，减少对选项长度的限制，获得在未来引入新选项的更大灵活性。

（4）给数据流做标签的能力。

对属于某一个特定数据通信的数据流附加标签，发送者可要求对这些数据流进行特殊的处理，如非默认的服务质量或实时服务，采用虚电路来达到电路通信的目的。

（5）高安全可靠性。

在 IPV9 中增加了对 IP 地址加密及身份验证的支持、数据完整性和数据保密（可选）等方面的扩张性。IPV9 扩展首标和选项充分考虑数据包的长度问题、流控制标签和类的语义及对于高层协议的影响。

（6）直接路由寻址功能。

IPV9 的 ICMP（Internet Control Message Protocol）包含了实现 IPV9 所要求的一切条件。增加了路由字符排列认证、识别及寻址功能，从而减少了路由开销，提高了效率。

（7）IPv4 与 IPv6 的兼容。

为了使 IPv4 能顺利过渡到 IPV9，考虑到保护原来的 IPv4 投资和不改变用户使用习惯，定义了 IPV9 首标和过渡期的报头，设计在 IPV9 中用最后一段地址，使用 IPv4 和 IPv6 的报头，但版本号改为 9，所使用的各种连接协议均为 IPv4 和 IPv6。

（8）IPV9 虚实电路设计。

为了使 IPV9 能流畅传输声音、图像和视频等大数据实时应用，需要采用长流码和绝对值、返回码等技术，采用三层与四层网络混合架构，在虚实电路中应实施三层与四层网络混合架构设计。

5.2　数据报设计

5.2.1　基本术语

系统设计中的基本概念如下。

（1）节点：一个安装了 IPV9 的设备或可以同时与 IPv4、IPv6 相容的 IPV9 设备。

（2）路由器：负责转发并明确不是发送给自己的 IPV9 数据的设备。

（3）主机：不属于路由器的任何节点。

（4）上层协议：位于 IPV9 上一层的协议。如传输层协议 TCP、UDP，链路层的一个通信设施或介质，节点可以在其上进行链路层通信，即紧靠在 IPV9 下面的那一层。链路的例子包括以太网（简单的或桥接的）、PPP 链路、X.25，帧中继或 ATM 网络。

（5）邻居：连接到同一链路的各个节点。

（6）接口：节点到链路的连接。

（7）地址：一个接口或一组接口的 IPV9 层标识符。

（8）数据包：一个 IPV9 首标加上负载。

（9）链路 MTU（Maximum Transmission Unit）：能够在一段链路上传送的最大发送单位，即以八位组为单位的最大数据包长度。

（10）路径 MTU：在源节点和目的节点之间的路径上的所有链路中最小的 MTU。

注：对于一个具有多个接口的设备来说，可以将它配置为能转发来自它的某一组接口的非自我定向发送的数据包，并可丢掉来自其他接口的非自我定向发送的数据包。当这样的设备从前一种接口上接收数据或与邻居打交道的时候，必须遵循主机的协议要求。

5.2.2 IPV9 的首标格式

IPV9 数据报首标格式设计如表 5.1 所示。

表 5.1 IPV9 首标格式

<table>
<tr><td rowspan="2">版本号</td><td colspan="4">通信流类型</td><td rowspan="2">流标签</td></tr>
<tr><td>地址长度</td><td>优先类通信量</td><td>地址认证</td><td>绝对通信量</td></tr>
<tr><td>有效负载长度</td><td colspan="4">下一个头</td><td>跳极限</td></tr>
<tr><td colspan="6">源地址（16～2048bit）</td></tr>
<tr><td colspan="6">目的地址（16～2048bit）</td></tr>
<tr><td colspan="6">时间</td></tr>
<tr><td colspan="6">鉴别码</td></tr>
</table>

表 5.1 设计解释如下。

（1）版本号：长度为 4 位，表示互联网协议版本号。对于 IPV9，该字段必须为 9。

（2）类别：长度为 8 位。高 3 位用来指定地址长度，值为 0～7。包含地址长度为 1～128Byte；默认值为 256 位，其中 0 为 16 位、1 为 32 位、2 为 64 位、3

为 128 位、4 为 256 位、5 为 512 位、6 为 1024 位、7 为 2048 位。后 5 位指定通信类别和用于源地址和目的地址的认证。0 到 15 为优先值，其中 0 到 5 用来指定通信量的优先类，6 到 7 用来指定先认证后通信的通信方法，信息包发送地用此来进行通信量控制及是否需要对源地址和目的地址认证，8 到 14 用来指定遇到拥塞时不会后退的绝对通信量，15 用于虚拟电路。16、17 分别赋予音频与视频，称为绝对值，确保音频与视频的不间断传输。其他值保留为今后使用。

（3）流标签：长度为 20 位，用于标识属于同一业务流的包。

（4）有效负载长度（净荷长度）：长度为 16 位，其中包括净荷的字节长度，即 IPV9 头后的包中包含的字节数。

（5）下一个头：长度为 8 位，这个字段指出 IPV9 头后所跟的字段中的协议类型。

（6）跳极限：长度为 8 位，每当一个节点对包进行一次转发之后，这个字段就会被减一。

（7）源地址：长度为 16～2048bit，指定 IPV9 包的发送源地址，采用不定长不定位的方法。

（8）目的地址：长度为 16～2048bit，指定 IPV9 包的目的地址，采用不定长不定位的方法。

（9）时间：用于控制报头中地址的生存时间。

（10）鉴别码：用于标识报头中地址的真实性。

5.3 IPV9 的扩展首标

在 IPV9 中，可选的互联网信息放在一些专门的首标中，它们可以放在数据包 IPV9 首标和高层协议首标之间。这种扩展首标的数量不多，每一个都由不同的下一个首标值来标识。一个 IPV9 数据包可以带有零到多个扩展首标，这些扩展首标中的每一个都由前面的首标中下一个首标 S 字段定义，如表 5.2 所示。

表 5.2 扩展首标格式

<table>
<tr><td>IPV9 首标
下一个首标=TCP</td><td colspan="3">TCP 首标+数据</td></tr>
<tr><td>IPV9 首标
下一个首标=路由</td><td>路由首标
下一个首标=TCP</td><td colspan="2">TCP 首标+数据</td></tr>
<tr><td>IPV9 首标
下一个首标=路由</td><td>路由首标
下一个首标=数据段</td><td>数据段首标
下一个首标=TCP</td><td>TCP 数据段
首标+数据</td></tr>
</table>

在数据包的传递路径上，任何一个节点都不检查或处理扩展首标，直到数据包到达 IPV9 的首标中“目的地址”字段指定的那个节点（如果是组播地址，则是一组节点）为止。在那里，对于 IPV9 首标的下一个首标字段的正常多路分解要调用处理模块来处理第一个扩展首标；如果不存在扩展首标的话，则要处理高层首标。因此，扩展首标的处理必须严格按照它们在数据包中出现的顺序来进行，接收者不能通过扫描数据包来查找某一个特定的扩展首标，并在处理其他位于前面的首标之前来处理它。

如果一个节点在处理了首标之后，要处理下一个首标，但是它不能识别“下一个首标”的值，它将丢失这个数据包，并且给发送源发送一个“ICMP 存在参数问题”的消息，该消息的 ICMP 代码的值为 2（遇到不能识别的“下一个首标”的类型），“ICMP 指示符”字段中包含无法识别的“下一个首标值”在原数据包中的偏移量位置。如果一个节点在任何非 IPV9 首标中发现了“下一个首标”字段为 0，也会执行上面同样的操作。

每一个扩展首标的长度都是 8 位组的整数倍，以便使后面的首标能够按 8 位组的边界对齐。在扩展首标中，由多个 8 位组构成的字段在其内部按照它们的自然边界对齐，也就是说，宽度为 n 个 8 位组的字段被放在从首标开始，一个整数乘以 n 个 8 位组的位置，其中，n=1，2，4 或 8。

完整安装的 IPV9 包括下面的扩展首标：

（1）Hop-by-Hop Option（逐个网段选项）。

（2）Routing（路由）（类型 0）。

（3）Fragment（数据段）。

（4）Destination Options（目的地选项）。

（5）Authentication（身份验证）。

（6）Encapsulating Security Payload（封装安全负载）。

在此定义了前四个扩展首标，后面的两个另外定义。

5.3.1 扩展首标的顺序

当在同一个数据包中使用了多个扩展首标的时候，这些首标按照以下顺序出现：

（1）IPV9 首标。

（2）逐个网段选项首标。

（3）目的地选项首标（注 1）。

（4）路由首标。

（5）数据段首标。

（6）身份验证首标。

（7）封装安全负载首标。

（8）目的地选项首标（注 2）。

（9）上层首标。

注 1： 用于由 IPV9 目的地址字段中出现的第一个目的节点，以及路由首标中列出的后续目的节点来处理的选项。

注 2： 用于仅由数据包的最终目标节点来处理的选项。

每一种扩展首标最多只能出现一次，但是目的地选项首标最多可以出现两次（一次在路由首标之前，一次在高层首标之前）。

如果高层首标是另一个 IPV9 首标（即当 IPV9 被封装在另一个 IPV9 隧道中的时候），它的后面可以跟随着它自己的扩展首标，这些首标作为一个整体，遵循同样的顺序。

当定义其他扩展首标的时候，必须指定它们与上面列出的首标之间的顺序关系。

IPV9 节点必须能够接受和处理以任意顺序排列的扩展首标，并且在同一个数据包中扩展首标可以出现任意次，只有 Hop-by-Hop Option 首标除外，它只能紧跟在 IPV9 首标的后面。除非以后制定的规范修改了上面的建议，否则 IPV9 数据包源应该尽可能遵守上面的顺序。

5.3.2　选项

当前定义的扩展首标中的逐个网段选项和目的地选项首标带有数量不等的以类型长值 Type length value（TLV）形式编码的选项，格式如表 5.3 所示。

表 5.3　选项格式

选项类型	选项数据长度	选项数据

选项类型：8 位标识符。

选项数据长度：8 位无符号整数。它是这个选项的数据字段的长度，以 8 位组为单位。

选项数据：可变长度字段，与选项类型相关的数据。

对首标中的选项顺序的处理，必须严格按照它们在首标中出现的顺序进行；接收者不能通过扫描首标来查找某一个特定类型的选项，并且不能在处理所有前面的选项之前处理它。

选项类型标识符是内部定义的，它的最高两位规定了处理 IPV9 的节点不能识别这个选项类型时必须执行的操作。

00：跳过这个选项并继续处理首标。

01：丢弃这个数据包。

10：丢弃这个数据包，并且无论这个数据包的目的地址是否是组播地址，都给这个数据包的源地址发送一个“ICMP 参数存在问题，代码 2”的消息，指出该选项类型不能识别。

11：丢弃该数据包，只有当这个数据包的目的地址不是组播地址的时候，才给这个数据包的源地址发送一个“ICMP 参数存在问题，代码 2”的消息，指出它不能识别的选项类型。

选项类型的高位第三位指定这个选项的数据在到达数据包最终目的的途中是否可以变化。

0：选项数据在传输途中不能改变。

1：选项数据在传输途中可以改变。

当数据包中出现了身份验证首标，在计算数据包的认证值时，任何数据在途中可以变化的选项所在字段的整体都被作为全 0 的 8 位组对待。

每一个选项可以有自己的对齐要求，以保证选项数据字段中多个 8 位组的值落到自然边界上。选项的对齐要求用 $xn+y$ 的形式来表示，它的意思是：选项类型必须出现在离首标开始处 x 个 8 位组的整数倍再加上 y 个 8 位组的位置上。例如：

$2n$ 意味着偏移量为离首标开始处 2 个 8 位组的任意倍数。

$8n+2$ 意味着偏移量为离首标开始处 8 个 8 位组的任意倍数加上两个 8 位组。

当需要对齐后面的选项或将所在首标长度填充至 8 位组倍数时，有两种填充选项可供使用。这些填充选项必须为所有 IPV9 所识别。

5.3.3 Pad 选项

（1）Pad1 选项（对齐要求：无）如表 5.4 所示。

表 5.4 Pad1 选项格式

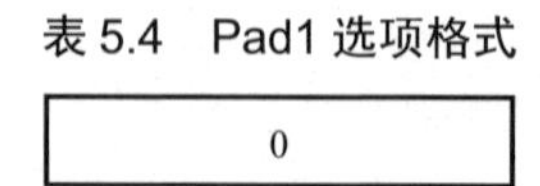

0

注：Pad1 选项的格式是一种特殊的情况，它没有长度字段和值字段。Pad1 选项用于在首标的选项字段中插入一个 8 位组的填充位。

（2）PadN 选项。

如果需要填充多个 8 位组，请使用下面的 PadN 选项，而不是使用多个 Pad1

选项。PadN 选项格式（对齐要求：无）如表 5.5 所示。

表 5.5　PadN 选项格式

1	选项数据长度	选项数据

PadN 选项用于向首标的选项字段插入两个或多个 8 位组填充位。要填充 *N* 个 8 位组，选项数据长度字段的值应为 *N*-2，选项数据字段包含 *N*-2 个全 0 的 8 位组。

5.3.4　逐个网段选项首标

逐个网段选项首标用来携带必须由数据包所经过路径上所有节点检查和处理的选项信息。在 IPV9 中，逐个网段选项首标用下一个首标的值为 0 来表示，格式如表 5.6 所示。

表 5.6　网段选项首标格式

下一个首标	首标扩展长度	
选项		

下一个首标：8 位选择器。用于标识紧跟在逐个网段选项首标后面的首标类型。使用与 IPv4 的协议字段相同的值[RFC-1700]。

首标扩展长度：8 位无符号整数。逐个网段选项首标的长度以 8 位组为单位，不包含第一个 8 位组。

选项：可变长度字段，它的长度使逐个网段首标的长度成为 8 位组整数倍。包含一个或多个 TLV 编码的选项。

除了上面指定的 Pad1 和 PadN 选项之外，还定义了大负载选项（对齐要求：4*n*+2），格式如表 5.7 所示。

表 5.7　大负载选项格式

	194	选项数据长度
大负载长度		

大负载选项用于发送负载长度超过 65535 个 8 位组的 IPV9 数据包。大负载长度是数据包的长度，以 8 位组为单位，不包括 IPV9 首标，但包括逐个网段选项首标；它必须大于 65535。如果接收到带有大负载选项的数据包，并且大负载长度小于或等于 65535，则要给源节点发送一个“ICMP 参数存在问题，代码 0”的消息，指向无效的大负载长度字段的高位。

如果数据包带有大负载选项，在 IPV9 首标中的负载长度必须设置为 0。如果接收到一个既包含有效大负载长度选项，同时 IPV9 负载长度字段为非 0 的数据包，则要给源节点发送一个“ICMP 参数存在问题，代码 0”的消息，指向大负载选项类型字段。

在带有数据段首标的数据包中不得使用大负载选项。如果在包含大负载选项的数据包中遇到数据段首标，则将要给源节点发送一个“ICMP 参数存在问题，代码 0”的消息，指向数据段首标的第一个 8 位组。

如果安装的 IPV9 不支持大负载选项，它就不拥有与 MTU 大于 65535 的链路之间的接口（72 个 8 位组的 IPV9 首标，加上 4G 个 8 位组的负载）。

5.3.5 路由首标

IPV9 使用路由首标列出一个或多个中间节点，它们是在数据包到达目的节点的路径上需要访问的节点。这个功能与 IPv4 的源路由选项非常相似。路由首标由它的前一个首标中值为 43 的下一个首标字段标识，格式如表 5.8 所示。

表 5.8 路由首标格式

<table>
<tr><td>下一个首标</td><td>首标扩展长度</td><td>路由类型</td><td>剩余数据段</td></tr>
<tr><td colspan="4">与类型有关的数据</td></tr>
</table>

下一个首标：8 位选择器。标识紧跟在路由首标后面的首标类型。使用与 IPv4 协议字段相同的值[RFC-1700]。

首标扩展长度：8 位无符号整数。路由首标的长度以 8 位组为单位，不包含第一个 8 位组。

路由类型 0：路由首标变量的 8 位标识符。

剩余数据段：8 位无符号整数。剩余路由数据段的数量，即显式列出中间节点的数量，它们是在到达最终目标节点之前还要访问的节点。

与类型有关的数据：变长字段，它的格式由路由类型确定，它的长度使整个路由首标的长度成为 8 位组的整数倍。

如果正当处理接收到的数据包时，一个节点遇到了不能识别的路由类型值，这个节点将要采取的动作取决于剩余数据段字段的值。包含以下两种情况：

（1）如果剩余数据段字段的值为 0，这个节点必须忽略路由首标并继续处理数据包的下一个首标，该首标的类型在路由首标的下一个首标字段中给出。

（2）如果剩余数据段字段的值非 0，这个节点必须丢弃这个数据包，并且给数据包的源地址发送一个“ICMP 参数存在问题，代码 0”的消息，指向不能识别的路由类型。

类型 0 路由首标的格式如表 5.9 所示。

表 5.9　类型 0 路由首标的格式

<table>
<tr><td>下一个首标</td><td>首标扩展长度</td><td>路由类型=0</td><td>剩余数据段</td></tr>
<tr><td>保留</td><td colspan="3">严格/宽松位映射</td></tr>
<tr><td colspan="4">地址[1]</td></tr>
<tr><td colspan="4">地址[2]</td></tr>
<tr><td colspan="4">……</td></tr>
<tr><td colspan="4">地址[n]</td></tr>
</table>

下一个首标：8 位选择器。标识紧跟在路由首标之后的首标类型。使用与 IPv4 协议字段相同的值[RFC-1700et Seq]。

首标扩展长度：8 位无符号整数。路由首标的长度以 8 位组为单位，不包含第一个 8 位组。对于类型 0 的路由首标，首标扩展长度等于首标中地址数量的两倍，并且是小于或等于 46 的偶数。

剩余数据段：8 位无符号整数。剩余的路由数据段的数量，即显式列出中间节点的数量，它们是在到达最终目标节点之前还要访问的节点。最大的有效值为 23。

保留：8 位保留字段。发送方将它初始化为 0，在接收方忽略这个字段。

严格/宽松位映射：从左至右为 1 到 23。对于每一个路由数据段，指出下一个目的地址是否必须是上一个节点的邻居：1 表示严格（必须是邻居），0 表示宽松（不必是邻居）。

地址[1……*n*]：256 位地址向量，从 1 到 *n*。

组播地址不能出现在类型 0 的路由首标数据包中，也不能出现在 IPV9 的目的地址字段中带有类型 0 的路由首标的数据包中。

如果严格宽松位映射的第 0 个位的值是 1，原始数据包的 IPV9 首标中的目的地址字段必须指示源节点的一个邻居。如果第 0 个位为 1，发送者可以使用任何合法的非组播地址作为初始目的地址。

高于 *n* 的位，这里的 *n* 是路由首标智能感知的地址的数量，必须由发送者设置为 0，并被接收者忽略。

直到数据包到达在它的 IPV9 首标中目的地址字段指定的节点后，路由首标才被检查和处理。

5.3.6　数据段首标

IPV9 源主机利用数据段首标来发送长度大于数据包传递路径的 MTU 的数据

包。与 IPv4 不同，在 IPV9 中仅由源主机来完成分段的工作，而不是由数据包所经过的路径上的路由器来完成，数据段首标是通过在它前面的首标中将下一个首标设置为 44 来标识的，格式如表 5.10 所示。

表 5.10　数据段首标格式

下一个首标	保留	数据段偏移量	保留	M
标识符				

下一个首标：8 位选择器。标识原始数据包的数据段部分的初始首标类型（在下面定义）。使用与 IPv4 协议字段相同的值[RFC-1700]。

保留：8 位字段。在发送方被初始化为 0，在接收方被忽略。

数据段偏移量：8 位。从指定位置向前或向后移动的字节数。

M：标志 1 表示还有更多的数据段，0 表示最后一个数据段。

标识符：32 位。为了发送长度大于传递路径的 MTU 的数据包，源节点可以将数据包拆分为一些数据段，并将每一个数据段作为一个独立的数据包发送，在接收方再进行数据包的重新组装。

对于每一个要分段的数据包，源节点都要为它生成一个标识符值。近期传递的任何具有相同源地址和目的地址的数据包中，任何数据分段都必须具有不同的标识符。如果出现了路由首标，所考虑的目的地址是最终的目的地址。

5.3.7　目的地选项首标

目的地选项首标用来携带只需要由数据包的最终节点检查的选项。目的地选项首标由它前面的下一个首标字段值为 60 的首标标识，格式如表 5.11 所示。

表 5.11　目的地址选项首标格式

下一个首标	首标扩展长度	
选项		

下一个首标：位选择器。标识紧跟在目的地选项首标之后的首标的类型。使用与 IPv4 协议字段相同的值[RFC-1700]。

首标扩展长度：8 位无符号整数。目的地选项首标的长度以 8 位组为单位，不包含第一个 8 位组。

选项：可变长度字段，它的长度使目的地选项首标的长度成为 8 位组的整数倍。包含一个或多个 TLV 编码的选项。

在这个文档中唯一定义的目的地选项是 Pad1 和 PadN 选项。

在 IPV9 数据包中可选的目的信息有两种编码方式：在目的地选项首标中定义，或者是一个独立的扩展首标。数据段首标和身份验证首标是后一种情况的两个例子。用哪一种方式取决于目的节点不识别选项信息时需要采取的操作。

（1）如果希望目的节点采取的操作是丢弃数据包，并且只有在数据包的目的节点地址不是组播地址的时候，给数据包的源地址发送一个“ICMP Unrecognized Type”（ICMP 未识别类型）消息，然后这些消息可以封装为一个独立的首标，或目的地选项首标中的一个选项，并且选项类型的最高两位为 11。这种选择取决于很多因素，如占用更少的字节、能够更好地对齐或易于解析。

（2）如果两种操作都需要，这些消息必须作为目的选项首标的一个选项来编码，它的 Option 类型的最高两位是 00、01 或 10，分别指定希望采取的操作。

5.3.8　下一个首标

IPV9 首标或任何扩展首标的下一个首标字段为 59 的时候，表示没有任何东西跟在首标的后面。如果 IPV9 首标的负载长度字段指出在下一个首标字段为 59 的首标的后面还有一些 8 位组，这些 8 位组必须被忽略，当数据包必须转发的话，这些内容按原样传递。

5.4　数据包长度设计

IPV9 要求 Internet 上每一条链路的 MTU 至少为 576 字节。在任何链路上，如果它不能在一个数据包中传递 576 个 8 位组，那么与链路相关的数据段和重新组装必须由 IPV9 以下的层次提供支持。

与节点直接连接的每一条链路，节点必须能够接收与链路是 MTU 等长的数据包，具有可配置的 MTU 的链路（如 PPP 链路[RFC-1661]），必须将 MTU 配置为至少 576 个 8 位组。建议配置为更大的 MTU，以便容纳可能发生的封装（如隧道），而不必招致分段。

建议 IPV9 节点实现 Path MTU Discovery[RFC-1191]，以便发现和利用大于 576 的 MTU 链路的优势。然而，一个极小化的 IPV9 实现（如在一个 BootROM 中）可以简单地限制它自己不发送大于 576 的数据包，并省略 Path MTU Discovery 的实现。

为了发送长度大于链路的 MTU 的数据包，节点可以利用 IPV9 的数据段首标，在源节点对数据包进行分段，并在目的节点进行组装。然而在任何应用中都不提倡这种分段，除非它能够调整数据包的大小，以适合所测量到的链路的 MTU。

一个节点必须保证能够接收分段的数据包，这个数据包在重新组装之后超过1500 字节，包括 IPV9 首标。但是一个节点必须保证不发送重新组装后大于 1500 字节的分段数据包，除非它被显式告知目的节点能够组装那样大的数据包。

将一个 IPV9 数据包发送给一个 IPv4 节点的时候（即数据包要经历从 IPV9 到 IPv4 的转换），IPV9 源发节点可能会收到一个“ICMP Packet Too Big”（ICMP 数据包太大）的消息，报告 Next-Hop MTU 必须小于 576。在这种情况下，IPV9 不需要将后面的数据包的大小减小为小于 576，但是必须在那些数据包中包含一个数据段首标，以便 IPV9-IPv4 转换路由器能够获得一个适当的、用于所构造的 IPv4 数据段的标识符值。注意，这意味着负载可能被减小至 496 个 8 位组（576 减 IPV9 首标使用的 72 字节和数据段首标使用的 8 字节），如果使用了其他的扩展首标的话，还可能被减至更小。

为了发送传输声音、图像和视频等长度大于链路的 MTU 数据包时，可以选用长流码和绝对返回码等技术，节点可以利用 IPV9 的数据段首标，在源节点对数据包进行识别不分段，并在目的节点不进行组装。但在发送方和接收方接收到返回码断开的信令时则恢复为正常工作状况。

注 1：必须进行 Path MTU Discovery（查找路径 MTU）的工作，即使主机认为目的主机也连接在与自己相同的链路上。

注 2：与 IPv4 不同，IPV9 不需要在数据包的首标中设置一个“Don't Fragment”（不分段）标志来进行 Path MTU Discovery，这是 IPV9 的一个隐式特性。而且 RFC-1191 中与使用 MTU 表有关的过程不适用于 IPV9，因为 IPV9 版本的“Datagram Too Big”（数据报太大）的消息总是标识所使用的确切的 MTU。

与 IPv4、IPv6 不同，IPV9 传输声音或视频等实际应用时，需要采用长流码和绝对返回码等技术（SRFC IPV9 实时支持和流），这样就形成了在预留的虚实电路中实际上已成为三层结构，所以不存在尽力传输的概念，而成为保证传送内容的通道可靠安全，保证传输内容不中断。这样就形成了 IPV9 网络内三层与四层架构共同存在的状况。

5.5 流标签

源节点可以用 IPV9 首标中 24 位的流标签字段来标记需要路由器特殊处理的数据包，如非默认的质量服务要求或实时服务。不支持这些流控制标签字段的主机或路由器在发送数据包的时候，应该将这些字段置为 0，在转发这些数据包的时候应保持这些字段的内容不变，在接收这些数据包的时候应该忽略这些字段。

数据流是从某一个源地址到另一个目的地址（点对点或组播）发送数据包的序列，源节点要求中间的路由器对这些数据包进行特殊的控制。这些特殊处理的性质可以通过控制协议转让给路由器，如资源预订协议，或者通过数据流中的数据包本身携带的信息传递给路由器，如逐个网段选项。

在一对源节点和目的节点之间可能有多个活动的流，以及与任何流无关的通信流量。一个流由一个源地址与非 0 的流标签组合唯一标识。不属于任何流的数据包的流标签字段被设置为 0。

流标签是由数据流的源节点赋予的。新的流标签必须随机选取（伪随机），范围是 1 到 16777215（十进制）。随机分配的目的是使流标签中的这些位适合于作为路由器中的哈希关键字使用，用于查找流的相关状态。

属于同一个流的所有数据包在发送时必须具有相同的源节点地址、目的节点地址、优先级和流标签。如果这些数据包中的任何一个包含了逐个网段选项首标，那么它们都必须拥有相同的逐个网段选项首标内容，如果它们中的任何一个包含了一个路由首标，它们的所有位于路由首标之前的扩展首标必须都拥有相同的内容，包括路由首标在内（除了路由首标的下一个首标字段）。允许但不要求路由器和目的节点检查上面的要求是否被满足。如果检测到冲突，它应该通知源节点，通过一个“ICMP 参数存在问题，代码 0”的消息，指向流标签的高位（即在 IPV9 数据包内偏移量为 1）。

路由器可以根据“时机”自由设置任何流的流控制状态，甚至在没有显式的通过流控制协议、逐个网段选项或其他方法向它们提供流创建信息的时候。

例如，当从某个特定的源节点接收到一个带有未知的、非 0 的流标签的时候，路由器可以处理它的 IPV9 首标和其他任何必要的扩展首标，就好像流控制标签为 0 一样。这些处理包括确定下一跳的接口，以及其他任何必要动作，如修改逐个网段选项、在路由首标中将指针向前跳越一步，或如何根据优先级字段决定数据包的排队方法。路由器可以选择记住这些处理步骤的结果并缓存这些信息，使用源地址和流标签作为哈希关键字。后续的具有同样源地址和流标签的数据包可以根据缓存的信息来处理，而不是检查所有的字段，这是根据前面谈到的要求，可以假定从接收到流的第一个包以后这些字段的内容没有变化。

上面所描述的流控制状态，在根据“时机”设置并缓存之后必须在 6 秒钟之内丢弃，无论是否继续有属于同一流的数据包到来。如果在缓存状态被丢弃之后，又有另一个具有相同源地址和流控制标签的数据包到来，那么这个数据包必须经历全部的正常处理（就如同流控制标签为 0 一样），这个过程可能会导致重新建立并缓存该流的流控制状态。

显式建立的流控制状态的生命期，如由控制协议或逐个网段选项所创建的流控制状态，必须作为显式的建立机制规范的一部分来指定，它可以超过 6 秒钟。

在任何早先为流控制状态而创建的流控制状态的生命期内，源节点不得将该控制标签用于新的流。由于任何视“时机”而创建的流控制状态具有 6 秒钟的生命期，一个流的最后一个数据包与新的流的第一个包之间，使用相同的流标签的最小时间间隔是 6 秒钟。用于显示创建的流标签具有更长的生命期，在周期内不得重新用于新的流。

当一个节点停机并重新开机（如由于系统崩溃），必须小心地避免使用它可能用于早先创建的流，且尚未过期的流标签。这可以通过在稳定的存储器内记录流标签的使用情况来实现，这样就可以在系统崩溃之后回忆起以前使用过的流标签，或者直到先前创建的，可能存在的最大生命期超时之前不使用流标签（至少为 6 秒钟，如果使用显式的流创建机制，且指定了更长的生命期，时间还要更长）。如果一个节点的重新引导时间是已知的（通常要大于 6 秒钟），便可相应扣除在开始分配流标签之前需要等待的时间。

5.6　类别设计

在 IPV9 首标中的 8 位类别字段使得源节点能够标识它所期望的数据包传递确定级，当然是相对于从同一节点发送的其他数据包而言的。类别值为二段定义：高 3 位用来指定地址长度，值为 0～7，为 2 的次方值，地址长度为 1～128byte；默认值为 256 位，其中 0 为 16 位、1 为 32 位、2 为 64 位、3 为 128 位、4 为 256 位（默认）、5 为 512 位、6 为 1024 位、7 为 2048 位。后 5 位指定通信类别的二个范围，值 0 到 7 用于指定由源节点提供拥挤控制的信息优先级，即面临拥挤而滞后发送的信息，如 TCP 信息的优先级。8 到 15 用于指定面临拥挤而没有滞后发送的信息的确定级，即以固定速率传送的“实时”数据包的优先级。

对于受拥挤制约的信息来说，下列优先级数值可用于特定的应用类别。

0：非字符信息。

1：“填充”信息（如 Netnews）。

2：无人照管的信息（如 Email）。

3：保留。

4：有人照管的大批量信息（如 FTP、NFS）。

5：保留。

6：交互式信息（如 Telnet、X）。

7：互联网控制信息（如路由协议，SNMP）。

8：为音频用。

9：为视频用。

10：为视频或者音频压缩后不会由于排列差错而出现差错。

11：广播用音频和视频用。

12：紧急用。

对于不受拥挤制约的信息来说，最低的确定级值 8 应该用于发送者在拥挤情况下最希望丢弃的数据包（如高保真视频信息），最高的确定级值 15 应该用于发送者最不希望丢弃的数据包（如低保真音频信息）。在不受拥挤制约的确定级与受拥挤制约的优先级之间并不存在对应的顺序关系。

5.7　上层协议设计

5.7.1　上层协议检验

如果任何传输协议或其他上层协议在计算它的检验和时将 IP 首标中的地址包含在内，那么为了能够在 IPV9 之上运行，必须修改计算检验和的算法，以便包含长度为 16～2048 位的地址，而不是长度为 32 位的 IPv4 地址。IPV9 的 TCP 和 UDP 首标如表 5.12 所示。

表 5.12　IPV9 的 TCP 和 UDP 首标

源地址	
目的地址	
时间	
鉴别码	
负载长度	
0	下一个首标

（1）如果数据包中包含路由首标，那么在伪首标中目的地址使用的是最终地址。在源发节点，这个地址是路由首标中的最后一个地址；在接收方，这个地址将在 IPV9 首标的目的地址字段中。

（2）伪首标中下一个首标的值标识上层协议（如 TCP 为 6、UDP 为 17）。如果在 IPV9 首标与上层协议首标之间还有扩展首标，伪首标中下一个首标的值与 IPV9 首标中下一个首标的值不同。

（3）在伪首标中的负载长度字段的值是上层协议数据包的长度，包括上层协议首标。它要比 IPV9 首标中的 Payload Length（或在大负载选项）小，如果在 IPV9 首标与上层协议首标之间还有扩展首标的话。

（4）与 IPv4 不同，当一个 UDP 数据包从一个 IPV9 节点发出的时候，UDP 检验和不是可任选的。也就是说，只要 IPV9 节点发送 UDP 数据包，它就必须计算 UDP 检验和。检验和由数据包和伪首标产生，如果计算结果是 0，它必须被转换为十六进制 FFFF，并放置在 UDP 首标中。IPV9 接收者必须丢弃包含检验和为 0 的 UDP 数据包，并记录这个错误。

IPV9 的 ICMP 版本在它的检验和计算中包含了上述的伪首标；这是对 IPv4 版本 ICMP 的修改，IPv4 的 ICMP 在它的检验和计算中没有包含伪首标。进行这项修改是为了保证 ICMP 不被错误传递或毁坏它所依赖的 IPV9 首标中的有关字段，与 IPv4 不同，这些字段并没有被互联网层的检验和所保护。ICMP 的伪首标中的下一个首标字段包含值 58，它标识 IPV9 版本的 ICMP。

5.7.2 最大数据包生命期

与 IPv4 不同，IPV9 节点和 IPv6 一样并不要求强制性的最大数据包生命期。这就是 IPv4 的“留存时间”字段被重命名为 IPV9 的“网段数限制”的原因。在实践中，很少的（如果有的话）IPv4 遵守现在数据包生命期的要求，因此这并不是一个实践上的修改。任何上层协议，如果它依赖于互联网层（无论是 IPV9 还是 IPv4）来限制数据包生命期，它就应该升级为依靠自己的机制来检测和丢弃陈旧的数据包。

5.7.3 最大上层负载

当计算可用于高层协议的最大负载时，上层协议必须考虑到 IPV9 的首标要大于 IPv4 的首标。例如，在 IPv4 中，TCP 的 MSS 选项的计算方法是，最大数据报长度（默认值或通过 Path MTU Discovery 得到的值）减去 40 个 8 位组（20 个 8 位组用于最小长度的 IPv4 首标，20 个用于最小长度的 TCP 首标）。当在 IPV9 上使用 TCP 的时候，MSS 的计算方法必须是最大长度减去 60 个 8 位组，因为 IPV9 的最小首标（即没有扩展首标的 IPV9 首标）长度要比 IPv4 的最小首标长度大 20 个 8 位组。

5.8　选项的格式

当设计逐个网段选项首标或目的地选项首标的新选项时，需要先进行字段规划。这些都基于下面的一些假设。

（1）一个希望的特性是：一个选项的数据中由多个 8 位组构成的任何字段都按照它们的自然边界对齐，即宽度为 *n* 个 8 位组的字段应该放在离逐个网段首标或目的地选项首标开始处的 *n* 个 8 位组的整数倍的地方，此处 *n*=1，2，3，4 或 8。

（2）另一个希望的特性是：逐个网段首标或目的地选项首标尽可能少占用空间，必须符合首标的长度是 8 位组的整数倍的要求。

（3）可以假设当出现任何带有选项的首标时，它们只带有数量很少的选项，通常只有一个。

这些假设意味着要规划一个选项的各个字段：把字段从小到大排列，中间没有填充，然后根据最大字段的对齐要求得出整个字段的对齐要求。举例说明如下。

例 1：如果选项 X 需要两个数据字段，一个长度是 8 个 8 位组，一个长度是 4 个 8 位组，它应按表 5.13 所示进行安排。

表 5.13　二字段设计表

	选项 类型=X	选项数据长度=12
4 个 8 位组字段		
8 个 8 位组字段		

它的对齐要求是 8*n*+2，以保证 8 个 8 位组字段从首标开始处的一个 8 倍的偏移量开始。包含上面选项的、完整的整个网段首标或目的地选项首标，如表 5.14 所示。

表 5.14　完整的首标或目的地首标格式

下一个首标	首标扩展长度=1	选项类型=X	选项数据长度=12
4 个 8 位组字段			
8 个 8 位组字段			

例 2：如果选项 Y 需要 3 个字段，一个长度为 4 个 8 位组，一个长度为 2 个 8 位组，一个长度为 1 个 8 位组，它的格式设计如表 5.15 所示。

表 5.15　三字段设计格式

		选项长度=Y
选项数据长度=7	1 个 8 位组字段	2 个 8 位组字段
4 个 8 位组字段		

它的对齐要求是 4*n*+3，以保证 4 个 8 位组长的字段从首标开始处的一个 4 倍的偏移量开始。包含上面选项的、完整的 Hop-by-Hop 或目的地选项首标，如表 5.16 所示。

表 5.16　一个三字段完整数据格式

下一个首标	首标扩展长度=1	Pad1 选项=0	选项类型=Y
选项数据长度=7	1 个 8 位组字段	2 个 8 位组字段	
4 个 8 位组字段			
PadN 选项=1	选项数据长度=2	0	0

例 3：同时包含例 1 和例 2 中的选项 X 和选项 Y 的逐个网段首标或目的地选项首标，应是下面两种格式之一，这取决于哪一个选项先出现，如表 5.17 和表 5.18 所示。

表 5.17　同时包含二字段和三字段地址格式之一

下一个首标	首标扩展长度=3	选项类型=X	选项数据长度=12
4 个 8 位组字段			
8 个 8 位组字段			
PadN 选项=1	选项数据长度=1	0	选项类型=Y
选项数据长度=7	1 个 8 位组字段	2 个 8 位组字段	
4 个 8 位组字段			
PadN 选项=1	选项数据长度=2	0	0

表 5.18　同时包含二字段和三字段地址格式之二

下一个首标	首标扩展长度=3	PadN 选项=1	选项类型=Y
选项数据长度=7	1 个 8 位组字段	2 个 8 位组字段	
4 个 8 位组字段			
PadN 选项=1	选项数据长度=4	0	0
0	0	选项类型=X	选项数据长度=12
4 个 8 位组字段			
8 个 8 位组字段			

5.9　封装安全载荷报头

5.9.1　封装安全载荷报头的格式

封装安全载荷（Encapsulating Security Payload，ESP）报头的设计目的是在 IPv4 中提供混合的安全业务。封装安全载荷机制可以与认证报头一起应用，或者单独在隧道模式下以嵌套的方式应用。安全业务可以在一对通信的主机之间，或在一对通信的安全网关之间，也可以在一个安全网关和一台主机之间提供。

认证报头和封装安全载荷机制提供的认证服务最主要的区别在于其服务的有效区域。封装安全载荷机制并不对任何 IP 报头字段提供保护，除非这些字段被安全载荷封装，如在隧道模式下，被封装在下层的 IP 报头就属于这种情况。

封装安全报头插入的位置在 IP 报头之后。在传输模式下时，封装安全报头在高层协议报头前面，在隧道模式下时，封装安全报头在封装的 IP 报头之前。

封装安全载荷机制能提供机密性、数据起源认证、无连接的完整性、反重播业务（一种部分序列完整的形式），以及有限的通信流机密性等业务。该机制所提供的业务依赖于在安全关联确立时的选项和应用程序的位置。

机密性可以独立于其他业务选择。但是，仅仅使用机密性而不用完整性认证可能导致通信流遭受破坏保密业务的攻击。数据起源认证和无连接的完整性是联合服务，这项业务可以与机密性服务一起作为一个可选项共同提供。反重播业务只有当选择了数据起源认证服务时才可以选择，这项服务的选择是完全由接收者决定的。

机密性业务要求在隧道模式下选择，而且这项业务应用在安全网关上时最为有效，因为在网关上通信流的聚类可能屏蔽真实的信源和信宿地址模式。注意，虽然机密性业务和认证业务都是可选的，但是二者之间至少应该选择其一。

在封装安全载荷报头之前的一个协议报头（IPv4 报头、IPV9 基本报头或者扩展报头）将在其协议字段（如果是 IPv4 报头）或者在其 Next Header 字段（如果是 IPV9 扩展报头）中取值为 50。封装安全载荷分组和报头的格式如表 5.19 所示。

表 5.19　封装安全载荷分组和报头的格式

08162431
安全参数指标 Security Parameters Index（SPI）

续表

<table>
<tr><td colspan="3">字段序列号
Sequence Number</td></tr>
<tr><td colspan="3">载荷数据
Payload Data（变长）</td></tr>
<tr><td></td><td colspan="2">填充字段（0～255B）</td></tr>
<tr><td></td><td>填充长度
Pad Length</td><td>下一个报头
Next Header</td></tr>
<tr><td colspan="3">认证数据
Authentication Data（变长）</td></tr>
</table>

注：提供认证业务的范围是认证数据之前的部分（不包括认证数据）；提供加密业务的范围是序列号之后、认证数据之前的部分（不包括序列号和认证数据）。

5.9.2 安全载荷格式说明

以下将阐述报头格式中的字段。文中的“可选”表示如果该字段没有被选中，该字段是被忽略的，在计算整体校验值时不用该部分。如果“必需”则表示该字段一定会出现在封装安全载荷分组中。

安全参数指标（Security Parameters Index，SPI）是一个 32bit 的必需字段。该字段与信宿 IP 地址和安全协议共同唯一的标示数据报的安全关联。安全参数指标的值可以是任意值，目前从 1 到 255 都是被 IANA()保留的。SPI 的 0 值保留为本地的特定的应用程序使用。

字段序列号（Sequence Number）是一个 32bit 单调递增的计数器值（序列号）。该字段是必需的，即使当接收端没有为某一个特定的安全关联选择开启“反重播放”服务。这个序列号字段的处理完全是由接收端进行的，也就是说，发送端必须传送这个字段，接收端可以完全遵照此字段也可以不遵照此字段执行。

当安全关联确立时，发送端和接收端的计数器都设置为 0。如果反重播启动（默认是启动的），则传输的序列号不允许循环。因此，在一次安全关联分组后，发送者和接收者的计数器必须复位。

载荷数据（Payload Data）是一个变长的字段，包含由 Next Header 字段描述的数据。载荷字段是必需的，在长度上是字节的整数倍。

填充字段：该字段是为了加密使用的。在封装安全载荷报头中采用填充字段有以下目的。

（1）如果某种加密算法要求正文是某个字节数的整数倍，则填充字节就用于填充正文（除了填充字段本身，还包括载荷数据、填充长度和 Next Header 字段）

来满足加密算法对数据长度的要求。

（2）即使不考虑加密算法的要求，也需要填充字段来保证加密后的数据长度终止于 4B 的边界。特别地，填充长度字段和 Next Header 字段的长度必须对齐于 4B。

（3）除了以上出于算法和对齐的要求，填充字段也可能被用于隐藏载荷的真实长度，部分对通信流提供加密。但是，这种额外的填充显然要占用宝贵的带宽资源，因此在使用时应该谨慎考虑。

发送端可以添加 0 到 255B 的填充字段。在一个封装安全载荷分组中是否填充是可选的，但是所有的应用程序都必须支持填充字段的产生和使用，以便能满足加密算法对加密数据长度的要求，同时保证认证数据对齐于 4B 的边界。

填充长度（Pad Length）：该字段是必需的，合法的填充长度值应该是从 0 到 255，0 值表示没有填充字节。

下一个报头（Next Header）：该字段是必需的，是一个 8bit 的字段，标明载荷数据字段中的数据类型。

认证数据（Authentication Data）是变长的字段，包含分组的整体检验值（Integrity Check Value，ICV），整体检验值是从封装安全载荷分组中除了认证数据之外的部分计算得到的。这个字段是可选的，只有当安全关联中包含认证业务时才出现。认证算法必须说明整体检验值的长度和确认的相对规则和处理步骤。

5.9.3　封装安全载荷报头

封装安全载荷有两种应用方式：传输模式或隧道模式。

（1）传输模式。

传输模式仅适用于主机应用程序。在这种模式下，封装安全载荷报头仅对高层协议提供保护，而对 IP 报头字段不提供保护。在传输模式下，封装安全载荷报头插入的位置在其他 IP 报头之后、在 TCP、UDP 和 ICMP 等高层协议之前。在 IPV9 中，封装安全载荷报头被当作端到端的载荷，因此这个报头必须出现在跳到跳报头、路由报头和分段报头之后。信宿选项报头可以出现在封装安全载荷报头之前或者之后，取决于语义的要求。在传输模式下，一个典型的 IPV9 分组中封装安全载荷报头的位置如表 5.20 和表 5.21 所示。

表 5.20　应用封装安全载荷报头之前的数据报

基本报头	扩展报头 （如果有的话）	TCP	数据 Data

表 5.21 应用封装安全载荷报头之后的数据报

基本报头	跳到跳报头 信宿选项报头 路由报头 分段报头	封装安全载荷 ESP	信宿选项报头	TCP	数据	封装安全载荷报尾 ESP Trailer	封装安全载荷认证 ESP Auth

在以上分组中，被加密的部分可以采用基本报头加密，也可以是信宿选项报头、TCP、数据和封装安全载荷报尾。而被认证的部分除了以上被加密的部分之外，还要加上封装安全载荷。

（2）隧道模式。

在隧道模式下，封装安全载荷报头可以应用于主机或者安全网关上。当封装安全载荷报头应用于安全网关上来保护用户的传输通信流时，必须使用隧道模式。

在隧道模式下，“下层的”IP 报头携带最终的信源和信宿地址，而“上层的”IP 报头可以包含其他的地址，如安全网关的地址。

在隧道模式下，封装安全载荷报头相对于“上层的”IP 报头的位置与在传输模式下一样。在隧道模式下，典型的 IPV9 分组中封装安全载荷报头的位置如表 5.22 所示。

表 5.22 隧道模式下典型的 IPV9 分组中封装安全载荷报头

上层基本报头	上层扩展报头（如果有的话）	封装安全载荷 ESP	下层基本报头	下层扩展报头（如果有的话）	TCP	数据	封装安全载荷认证 ESP Trailer	封装安全载荷认证 ESP Auth

在以上分组中，被加密的部分可以采用上层基本报头加密，也可以是下层基本报头、下层扩展报头、TCP、数据和封装安全载荷报尾。而被认证的部分除了以上被加密的部分之外，还要加上封装安全载荷。

本 章 小 结

本章是对 RFC1606、RFC1607 未来网络的数据报设计，42 层路由地址空间是遵照 RFC1606 中的文档描述的。IPV9 的路由层次深达 42 层，该路由层次是得到广泛应用的关键特性，其中 1～41 层是为了兼容 IPv4 和 IPv6 而设计的，而第 42

层是遵照 RFC1606 中的文档描述的。IPV9 协议的大量号码空间也使得分配地址可以用一种直接的方式而设计。用于全 IP 的移动手机、IPTV、IP 电话、物联网等需要用阿拉伯数字表示及需采用字符不必再解析的网络应用，因此设计了字符路由器。SRFC IPV9 地址长度是按 RFC1607 的文档设想在 21 世纪网络地址长度是 1024bit 设计的，同时根据实际需求将地址空间长度设计成了 2048bit，从而解决了地址空间容量问题。为了达到 RFC1606、RFC1607 的技术场景设想，本文重新定义了路由层次、地址长度、地址工作模式、地址空间资源、地址文本表示方法、压缩定义、间隔符的定义。

第6章　十进制网络地址结构

十进制网络将 IP 的地址长度从 32 位、128 位增加到 2048 位，以支持更多的地址层次、更多的可寻址节点和更简单的自动地址配置，同时增加了将 IPv4 的 32 位地址长度减少到 16 位，以解决移动通信中蜂窝通信的快捷用途。

6.1　十进制网络地址概述

十进制网络地址采用“中括号十进制”表示法，即 y[y[y[y[y[y[y[y，其中每个 y 都以十进制表示一个 32 位二进制长的整数，如 0000030620[0000000000[0000000000[0000000000[0000000000[0009635485[0000000000[000005953246。在地址表示中，每个十进制数靠左边的多个连续的零可以省略不写，但全为零的十进制数需要用一个零来代表。比如，上面的地址可以写为 30620[0[0[0[0[9635485[0[5953246。为了进一步简化地址的表示，可以将地址中连续的全 0 域由“[X]”来表示（X 为全 0 域的段数）。如上述地址可以简写为 30620[4]9635485[0[5953246。

十进制网络地址前缀采用了类似于 CIDR 的表示法，其形式如下：IPV9 地址/地址前缀长度。其中，IPV9 地址是采用 IPV9 地址表示法所书写的地址，地址前缀长度是指明地址中从最左边组成地址前缀的连续位数。IPV9 地址中用的是十进制数，但前缀长度却是指二进制而言的。比如，200bit 的地址前缀 3659[0[0[0[31548[150[0 可表示为 3659[0[0[0[31548[150[0[0/200 或 1212[3]343[150 [2]/200。地址前缀的表示中，斜线“/”左边的 IPV9 地址必须能还原为正确的地址。

十进制网络地址为接口和接口组指定了 256 位的标识符。有三种地址类型：

（1）单播。一个单接口有一个标识符。发送给一个单播地址的包传递到由该地址标识的接口上。

（2）任意点播。一般属于不同节点的一组接口有一个标识符。发送给一个任意点播地址的包传递到该地址标识、根据选路协议距离度量最近的一个接口上。

（3）组播。一般属于不同节点的一组接口有一个标识符。发送给一个组播地址的包传递到该地址所有的接口上。在 IPV9 中没有广播地址，它的功能被组播地址所代替。

所有类型的 IPV9 地址都被分配到接口，而不是节点。IPV9 单播地址属于单个接口。因为每个接口属于单个节点，多个接口的节点，其单播地址中的任何一个可以用作该节点的标识符。所有接口至少需要有一个链路本地单播地址，一个单接口可以指定任何类型的多个 IPV9 地址（单播、任意点播、组播）或范围。具有大于链路范围的单播地址，对这样的接口是不需要的，也就是从非邻居或者到非邻居的这些接口，不是任何 IPV9 包的起源或目的地。

IPV9 采用 42 层地址结构，其中 1～41 层为兼容 IPv6 用，位长是 256 位，第 42 层为十进制算法地址直接交换用，位长暂定 1024 位。

6.2　单目地址结构

单目地址是单个网络接口的标识，以单目地址为目的地址的报文将被送往由其标识的唯一的网络接口上。单目地址的层次结构在形式上与 IPv4 的 CIDR 层次结构十分相似，它们都有任意长度的连续地址前缀和地址编码。IPV9 的单目地址有以下几种形式：可聚合全局单目地址、十进制互联网络地址、域名决策和分配组织地址、IPX 地址、局部用 IPV9 单目地址和 IPv4 的兼容地址。

可聚合全局单目地址和群集地址都属于单目地址，它们在形式上没有任何区别，只是在报文的传播方式上有所不同。因此，可聚合全局单目地址和群集地址分配有相同的格式前缀 0100。本地链路单目地址和站内单目地址都是在局部范围内使用的单目地址，为便于路由器加快对这两类地址的识别，分别给它们分配了 1111 1111 1010 和 1111 1111 1011 两个地址格式前缀。

6.3　可聚合全局单目地址结构

互联网具有树状的拓扑层次结构。为了更好地表达这种层次结构，IPV9 引入了具有多层次结构可聚合地址。互联网各个层次的机构在地址中都分配有属于自己的标识（地址前缀），并且每个机构标识的分配都是基于它所直接从属的上一级机构标识。互联网中不同层次的路由系统只能分辨出地址中位于它所在层次以上的子网标识，即低层次的网络结构在高层次的节点中是透明的。这样，低层次子网在高层次上被聚合到一块，共同拥有高层次的子网号，它们由高层次路由器路由表中的一项来表示。

可聚合全局单目地址是在一个节点连入互联网时使用最为广泛的单目地址。这种地址的使用主要是为了支持基于网络供应商的地址聚合以及基于网络中间商的地址聚合。使用可聚合全局单目地址可以有效地在各级路由系统中聚合子网，从而减小路由表的规模。

多层次的网络结构具有很好的伸缩性，有利于解决路由寻址的难题。与电话网一样，IPV9 的可聚合全局单目地址也具有很好的层次结构，可以有以下三个层次。

一是公众拓扑层。公众拓扑层是提供公众互联网转接服务的网络提供商和网络中间商的集合。

二是站点拓扑层。站点拓扑层局限在不向站外节点提供公众互联网转接服务的特定站点或组织。

三是网络接口标识。网络接口标识是用于标识链路上的网络接口。

IPV9 可聚合全局单目地址由六个域组成，分别为地址格式前缀（FP）、顶级聚合（TLA）标识、保留域（RES）、二级聚合（NLA）标识、站点级聚合（SLA）标识及网络接口标识。为了降低在变更网络接入时重新编址的难度，这六个域的长度分别是固定的，如表 6.1 所示。

表 6.1　全局单目地址的结构

4	26	18	48bit	32bit	128bit
FP	TLA 标识	RES	NLA 标识	SLA 标识	网络接口标识
←→→←← 公众拓扑层				站点拓扑层	网络接口标识

（1）格式前缀。

我们定义的可聚合全局单目地址的格式前缀是“0100”四位二进制串。通过这个地址格式前缀，路由系统能很快地分辨出一个地址是可聚合全局单目地址或是其他类型的地址。如果该前缀 0100 包含的地址全部分配出去，则可重新为可聚合全局单目地址划分一个新的地址前缀。

（2）顶级聚合标识。

顶级聚合标识是路由层次中一个最高的层次，默认路由器在路由表中必须给每一个有效顶级聚合标识建立对应的一项，并提供到这些顶级聚合标识所表示的地址区域的路由信息。

顶级聚合标识的长度定为 26bit，可以支持 67108864 个网络交换商节点、远程网络提供商或主干网络服务提供商节点。将来，随着路由技术的改进和提高，路由器可支持更大数目的顶级聚合标识，则可以采用两种方法来增加顶级聚合标识数目。

通过保留域扩展顶级聚合标识。这样顶级聚合标识的长度最长可扩展到 26+18=44bit，相应可容纳的顶级聚合标识的数目可增加到大约 17 万亿个。

（3）二级聚合标识。

分配有顶级聚合标识的组织机构在建立内部的寻址层次结构和标识内部各个站点时，使用二级聚合标识。一个顶级聚合标识对应的组织拥有 48bit 的二级聚合标识空间，也就是说，如果该组织直接分配这些二级聚合标识，则能够分配 248 个。将来如果需要为二级聚合标识提供更多的空间，可以通过向 18bit 的保留域扩展来获得额外空间。

一个具有顶级聚合标识的组织机构分配其二级聚合标识的高位部分，可以根据最适合于建立其内部网络寻址层次的方案进行；二级聚合标识的剩余部分用于标识获得该组织服务的站点。48bit 长的二级聚合标识划分了 *n*bit 长的第一级 NLA1，剩余的（48-*n*）bit 作为站点标识（site ID）。当一个组织获得一个二级聚合标识后，它可以对站点标识空间进行更详细的划分，以支持其内部的多级层次结构。一个拥有二级聚合标识 NLA1 组织在站点标识空间内划分了第二级的二级聚合标识 NLA2，并分配给其内部的二级站点；具有 NLA1 的二级站点还可以在其站点划分第三级的二级聚合标识 NLA3，分配给二级站点以下的低层站点。这样，在低层次的节点上，整个二级聚合标识域就有了 NLA1、NLA2、NLA3、site ID 的层次结构。每一级的二级聚合标识可以理解为处于不同层次上远程网络提供商和交换商。如表 6.2、表 6.3 和表 6.4 所示。

表 6.2　二级聚合标识域 NLA1 的 site ID 层次结构

NLA1（*n*bit）	站点标识［（48-*n*）bit］

表 6.3　二级聚合标识域 NLA2 的 site ID 层次结构

NLA1（*n*bit）	NLA2（*m*bit）	站点标识［（48-*n*-*m*）bit］

表 6.4　二级聚合标识域 NLA3 的 site ID 层次结构

NLA1（*n*bit）	NLA2（*m*bit）	NLA3（*o*bit）	站点标识［（48-*n*-*m*-*o*）bit］

二级聚合标识的分配方案是路由聚合效率和灵活性的折中，一个组织在分配其内部的二级聚合标识时可以根据自己的需要选择分配方案。建立层次结构可以让网络在各级路由器上更大程度地聚合，并且让路由表的尺寸更小；而直接分配二级聚合标识能够简化分配过程，但是将导致路由表尺寸过大。

（4）站点级聚合标识。

站点级聚合标识用于个别组织（站点）建立其内部的寻址层次结构和标识子网。在功能上，站点级聚合标识类似于 IPv4 的子网号，只是 IPV9 的站点可以容纳更多数目的子网。32bit 的站点级聚合标识域能够支持 4294967296 个子网，这已经足够支持大多数组织内部的子网规模。如果一个组织子网数大于 4294967296 时，它可以申请另一个二级聚合标识来满足需要。

一个组织可以直接分配其站点级聚合标识，也可以像分配二级聚合标识那样在站点级聚合标识域内划分两层或更多层的结构。如果采用直接分配的方式，则各个站点级聚合标识之间没有逻辑上的关系，路由器的路由表尺寸较大。若采用第二种方式，则站点内部的路由表要小得多。

通过建立层次结构方法来分配站点聚合标识，如表 6.5 和表 6.6 所示。

表 6.5　站点 NLA1 聚合标识

SLA1（*n*bit）	子网号［（32-*n*）bit］

表 6.6　站点 NLA2 聚合标识

SLA1（*n*bit）	SLA2（*m*bit）	子网号［（32-*n*-*m*）bit］

其中，站点级聚合标识域内的层次数目和各层次上的 SLA 标识长度的选择由各组织根据内部子网的拓扑层次结构来自行确定。这给一个组织构建内部网络结构提供了很大的灵活性。

一个站点内部的编址相对独立于整个互联网的编址。当一个站点需要重新编址时，例如，更换网络服务提供商后，这个站点内的所有地址只有顶级聚合标识和二级聚合标识两部分（公众拓扑层）需要进行一定的改动，而站点级聚合标识和网络接口标识两部分可以保持不变。这一特性给网络地址的管理和分配带来了很大的方便。

（5）网络接口标识。

网络接口标识用于标识一个链路上的网络接口。在同一链路上，每一个网络接口标识必须具有唯一性。可聚合全局单目地址在网络接口这一层次上最终标识了一个网络接口（或节点）。在很多情况中，网络接口标识与网络接口的链路层地址相同或是基于网络接口的链路层地址生成的。

同一网络接口标识可以在同一节点的多个接口上使用。这一点并不影响网络接口的全局唯一性和使用网络接口标识生成的 IPV9 地址的全局唯一性，其原因是多个物理接口在网络上只会被当作一个网络接口。

6.4　本地链路单目地址结构

本地链路单目地址用于在同一链路上节点间的通信。这类地址拥有独立的地址格式前缀“1111 1111 1010”，便于高效地进行本链路上的寻址。地址的自动配置、邻节点探测以及当链路上没有路由器存在时，都使用该类地址。如果链路上有路由器存在，则这些路由器都不转发以本地链路单目地址为目的地址或是源地址的IPV9 报文给其他的链路。

本地链路单目地址的结构十分简单，直接由地址格式前缀和 128bit 网络接口标识组成，中间填充了 54bit 的 0，如表 6.7 所示。

表 6.7　本地链路单目地址结构

12bit	116bit	128bit
1111 1111 1010	0	网络接口标识

本地链路单目地址的简单结构和通信实用性，给地址的自动配置带来了很大的便利。

当希望在站点范围内对通信的网络接口进行寻址而又不希望使用全局的地址格式前缀时，可以使用站内单目地址。同时，站内单目地址也用于独立于互联网的孤立站点的编址，如一个未与互联网连接的园区网中的编址。

因为站内单目地址的作用范围要比本地链路单目地址的作用范围大得多，而且一个站点内往往包含有多个子网，所以站内单目地址的结构比本地链路单目地址要多一个层次，在地址中划分出了子网标识的区域。分配给站内单目地址的格式前缀为“1111 1111 1011”，地址的具体结构如表 6.8 所示。

表 6.8　站内单目地址结构

12bit	84bit	32bit	128bit
1111 1111 1011	0	子网标识	网络接口表示

与本地链路单目地址的使用类似，以站内单目地址为源地址或目的地址的IPV9 报文仅能在站点内传播，路由器不能将这些报文转发到站点外。

6.5 兼容地址结构

在 IPV9 中制定了从 IPv4、IPv6 到 IPV9 平滑升级转换的一些机制，其中包括利用现有的 IPv4、IPv6 路由系统作为隧道转发 IPV9 报文技术。对使用这种技术的 IPV9 节点，需要给它分配“IPv4 兼容地址”、“IPv6 兼容地址”和“特殊兼容地址”几种特殊 IPV9 地址。这些地址的具体结构如表 6.9 所示。

表 6.9 兼容地址的格式

10bit	19bit	3bit	64bit	32bit	96bit	32bit
前缀	保留	标志	0	作用域	IPv6 专用	IPv4 地址

分配格式前缀 0000 0000 00 给这个区域，占用 10bit。标志位定义如表 6.10 所示。保留位用于以后备用。

表 6.10 兼容地址标志位

范围值	作用范围	范围值	作用范围
000	IPv4 兼容地址	100	保留
001	IPv6 兼容地址	101	保留
010	特殊兼容地址	110	保留
011	保留	111	保留

虽然使用 IPv4 兼容地址可以实现利用 IPv4 网络作为传送 IPV9 报文的“自动隧道”，然而它不能很好地利用 IPV9 地址空间，为此定义了另外一种嵌有 IPv4、IPv6 地址的 IPV9 地址。这种地址用于将只使用 IPv4 或 IPv6 协议的节点的网络接口标识上的 IPV9 地址，它被称为“IPv4 映射地址”。通过“IPv4 映射地址”，实施 IPV9 协议的节点可以与只使用 IPv4 协议的节点进行通信。IPv4 与 IPv6 映射地址格式如表 6.11 与表 6.12 所示，32bit 的作用域就是用于区别映射地址的，正常情况下 32bit 置为 0，在映射地址时全部置为 1。

表 6.11 IPv4 映射地址格式

96bit	32bit	96bit	32bit
0[0[0	0	0	IPv4 地址

表 6.12 IPv6 映射地址格式

96bit	32bit	128bit
1[0[0	0	IPv6 地址

在 IPv4 兼容地址情况下，96bit 的 IPv6 专用地址置为 0；在 IPv6 兼容地址情况下，使用 96 位 IPv6 专用地址加上 32 位 IPv4 地址，共 128bit，作为 IPv6 的原地址，在特殊兼容地址中，也是使用 IPv6 专用地址加上 32 位 IPv4 地址，作为存放兼容 IPv4 的 IPv6 地址。特殊兼容地址的映射地址格式如表 6.13 所示。

表 6.13　特殊兼容地址的映射地址格式

96bit	32bit	96bit	32bit
2[0[0	0	0	IPv4 地址

这些兼容地址的映射地址格式只需要把 32bit 的作用域置为 4294967295 就可以了。

6.6　网络群集地址结构

群集地址是同时分配给多个网络接口（通常分布不同的节点上）的一类 IPV9 地址。发往以群集地址为目的地址的 IPV9 报文将会送往拥有该群集地址的接口之中路由协议认为最近的一个，亦即只有一个接口能接收到该报文。

在很多情况下，网络上可能有多个服务器同时提供相同的服务（如镜像服务器）。一台主机、一个应用程序或一名用户，往往只希望得到某种服务而不关心该服务由哪台服务器来提供，也就是说，只需要所有这些服务器中的任何一台为该用户提供服务。任播传输机制就是为满足网络上的这类需求而提出来的。该机制使用群集地址来标识提供相同服务的服务器集合，当一个用户往该群集地址发送报文时，网络会将该报文送给至少一个（最好是只有一个）拥有该群集地址的服务器。可以看出，提出任播传输机制的目的之一就是简化用户寻找最优服务器的过程。

IPV9 的群集地址是从单目地址中分配出来的，使用与单目地址相同的格式定义，也就是说，群集地址在形式上与单目地址无任何区别。当把一个单目地址分配给多个网络接口，它就在功能上转化为一个群集地址。获得群集地址的节点必须进行相应的配置过程，使它能识别出该地址是一个群集地址。

因为群集地址在形式上与单目地址没有区别，因此识别群集地址并为其寻径的很大一部分工作分散在路由器上。

对每个分配出去的群集地址，它总有一个最长的前缀 P 来标识在网络拓扑结构中所有拥有该群集地址的网络接口的最小包含层次。例如，一个学校中各个分院都有一个 FTP 服务器的镜像，则所有这些服务器的最小包含可能是学校的网络结构中的最高一层，相应的前缀 P 就是用来标识这最高的一个网络层次（可能是分配给该校的站点级聚合标识）。在一个群集地址的前缀P所标识的网络层次内部，拥有该地址的每一个成员都必须作为独立的一项在路由系统中进行发布（通常称为主机路由）；而在前缀 P 标识的层次之外，该群集地址标识的所有成员的网络接口可以聚合成一项在路由系统中发布。

值得注意的是，在最坏的情况下，一个群集地址的前缀 P 的长度可能为 0，也就是说，拥有该群集地址的网络接口在互联网中的分布不能形成一个拓扑结构，所以包含所有这些网络接口的最小层次结构就是整个互联网。在这种情况下，群集地址对应的每个节点就必须以独立的一项在整个互联网上发布，这将严重限制路由系统所能支持的这种全局群集地址集合的个数。因此，互联网可能不支持全局群集地址集合，或是只提供限制条件极为严格的支持。

目前，IPV9 对群集地址的用途和实现机制都还在不断研究和尝试之中。现在已经确定的群集地址用途有以下三种。

（1）标识一个提供互联网服务的组织中的路由器集合。这时，群集地址可以作为报文源路径选择扩展首部中的中间路由器地址，使得报文经过指定网络服务接入组织的任意一个路由器进行转换。

（2）标识连接特定子网的路由器集合。

（3）标识提供到某一个网络区域路由信息的路由器集合。

因为大范围内的群集地址的使用经验少之又少，并且群集地址的使用存在一些已知的问题和危险性，所以在积累了群集地址的大量使用经验和找到群集地址弊病的解决办法之前，实施 IPV9 群集地址必须遵循以下限制：

群集地址不能作为源地址在 IPV9 报文中出现；

群集地址目前只能分配给路由器，而不能分配给普通的 IPV9 主机节点。

目前，IPV9 协议只预定义了一种群集地址——子网路由器群集地址。这种地址是各个子网路由器都必须拥有并必须能够识别的，其具体的地址格式如表 6.14 所示。

表 6.14　子网路由器群集地址格式

*n*bit	（256-*n*）bit
子网前缀	主机号（全 0）

子网路由器群集地址的格式结构与单目地址没有形式上的区别。它由子网前缀和全零的主机号两部分组成，地址中的子网前缀是某条链路子网的标识。整个子网路由器群集地址，就是与该链路子网连接的所有路由器的群集标识，它的作

用是让一个节点上的应用软件能够与远地子网所有路由器集合中的一个进行通信。例如，在移动通信中，一个远离所从属子网的移动主机与该子网的某个移动代理之间的通信。

协议规定，与子网连接的所有路由器都必须能够支持这种特殊类型的群集地址。如果一个路由器到某个子网上有相连接的网络接口，它就必须支持由该子网前缀生成的子网路由器群集地址。根据群集地址的定义，发往一个子网路由器群集地址的IPV9报文将被传送到对应子网上的一个路由器上并由它负责转发。注意，该路由器应距离报文的源节点最近，路由器和源节点的距离是否是最近的，需要根据使用的路由选径协议来计算确定。

6.7　网络多目地址结构

多目地址是在实施网络组播机制时使用的。IPV9 协议也采纳了组播机制，并专门设计了组播使用的多目地址。在 IPV9 的地址空间中划分出以 1111 1111 11 为地址格式前缀的地址空间专门供组播使用。多目地址与群集地址一样是分配给多个网络接口，两者的区别是以多目地址为目的地址的 IPV9 报文会同时被拥有该多目地址的所有网络接口接收到，这种发送过程称为组播。拥有同一多目地址的网络接口的集合称为一个组播组。

IPV9 的多目地址由四个部分组成，以“1111 1111 11”为地址格式前缀，其具体结构如表 6.15 所示。

表 6.15　IPV9 多目地址格式

10bit	8bit	4bit	234bit
1111 1111 11	标志	作用范围	组标识

格式中接着地址格式前缀的其余三个部分分别为标志位域、地址作用范围域和组标识域。标志位域由 8bit 组成，用于说明多目地址的一些属性。具体组成结构如表 6.16 所示。

表 6.16　多目地址的标志位域

8bit							
0	0	0	0	0	0	0	T

目前，标志位域只使用了 8bit 中的最低一位（T 位），其余高七位保留。T 位被称为“临时”地址位，它说明分配的多目地址是暂时有效的或是永久有效的。

T=1：该多目地址只是暂时分配的，当多目地址使用完毕后会被回收并可以重新被分配出去。这种多目地址称为临时多目地址。

T=0：该多目地址是由全球十进制网络编址中心永久分配的，多用于通用地址。这种多目地址称为永久性多目地址。

地址作用范围域是由 4bit 组成的一个整型数，用于限制组播组成员的分布范围，从而限制组播时该多目地址相对于报文发送方的有效作用范围。该域值从 0 到 F（十六进制）对应的作用范围如表 6.17 所示。

表 6.17　范围值与多目地址作用范围对应表

范　围　值	作 用 范 围	范　围　值	作 用 范 围
0	保留	8	本组织范围
1	本节点范围	9	未指定
2	本链路范围	10	未指定
3	未指定	11	未指定
4	未指定	12	未指定
5	本站点范围	13	未指定
6	未指定	14	全球范围
7	未指定	15	保留

组标识域用于一个组播组，它在整个地址格式之中位于低 234 位。一个组标识域所标识的组播组可以是在给定范围内的暂时或永久的组播组。

永久性多目地址中，组标识的意义独立于地址作用范围域的值，也就是说，永久性多目地址在所有的 scop 值下具有唯一意义。例如，假设 GINA 将 67 的组标识永久分配 NTP 服务器，就能够用它与 5 个不同的地址作用范围域值相结合来定义 5 个永久性多目地址：

4290774016[6]67，标识与报文发送者处于同一节点上的所有 NTP 服务器；

4290775040[6]67，标识与报文发送者处于同一链路上的所有 NTP 服务器；

4290778112[6]67，标识与报文发送者处于同一站点内的所有 NTP 服务器；

4290781184[6]67，标识与报文发送者处于同一组织内的所有 NTP 服务器；

4290787328[6]67，标识互联网上的所有 NTP 服务器。

对于上例中的永久性多目地址 4290778112[6]67，它的意义唯一性体现在不同的站点内都能使用该多目地址，处于任何一个站点中的一个节点发送以 4290778112[6]67 为目的地址的 IPV9 报文，只要该节点所处站点内存在有 NTP 服务器，该报文都会被传送到该站点内的所有 NTP 服务器。

对应的，临时性多目地址中的组标识仅在指定的范围内有意义。例如，给某个站点 S 内部所有的 NTP 服务器所分配的临时多目地址 429079446[6]67，该地址仅在本站点 S 内有意义。该站点 S 内拥有该临时多目地址的 NTP 服务器组播组与其他站点上使用相同地址的组播组，与具有相同组标识的临时组播组和永久性组播组没有任何关系。也就是说，在站点 S 内使用地址 429079446[6]67 为目的地址发送的 IPV9 报文会被传送到该站点内的所有 NTP 服务器；而在其他站点内，该地址可能标识的是其他服务器组成的组播组，以该地址为目的地址的报文不一定会被发送到 NTP 服务器上。

使用多目地址时有一点需要注意：多目地址不能作为 IPV9 报文的源地址并且不能在路由扩展首部中出现，这是因为这些报文的接收方无法确定报文的来源。

6.8　预定义的通用多目地址

在设计 IPV9 时，预先定义了一些通用的多目地址，如保留的多目地址、所有节点多目地址、所有路由器多目地址以及被请求节点多目地址，这些地址通常在邻节点探测和地址的自动配置时使用。

保留的多目地址：组标识全部为 0 的多目地址只能保留而不能分配给任何一个组播组，即标志位为 0、地址作用范围域任意取值、组标识全部为 0 时的地址都是保留的多目地址。

所有节点多目地址：以下两个通用多目地址是所有节点多目地址，它们分别标识处于本节点范围内和本链路范围内的所有节点。这两个地址的作用类似于 IPv4 中的广播地址，用于发送其对应作用范围内的广播报文：

4290774016[7]1

4290775040[7]1

所有的路由器多目地址都包含以下三个通用多目地址，分别标识处于范围 1（scop=1，同一节点上）的所有路由器、处于范围 2（scop=2，同一链路上）的所有路由器和处于范围 5（scop=5，同一站点内）的所有路由器：

4290774016[7]2

4290775040[7]2

4290778112[7]2

被请求节点多目地址的范围从 4290775040[4]1[4294901760[0 到 4290775040[4]1[4294967295[4294967295。被请求节点是一个节点作为邻节点探测时的探测目标节点（可能同时有多个）。在采用邻节点探测技术（Neighbor Discovery）的过程中，被请求节点多目地址作为被请求目标节点的地址标识，其作用范围是本地链路。

被请求节点多目地址通过以下方法构成：从单目地址或群集地址中抽取出低48bit 的地址片段，并将其附接在地址前缀 4290775040[4]1[4294901760[1]/208 之后。例如，对应于 IPV9 地址 562159487[4]1[213110000[7758520 的被请求节点多目地址是 4290775040[0[0[0[1[4294954224[7758520。

为保证邻节点探测的正确完成，每个网络节点都必须加入它所拥有的全部单目地址和群集地址对应的被请求节点组播组。

除了以上介绍的通用多目地址，十进制地址和域名分配组织还定义和注册了更多的永久性多目地址。

6.9 多目地址的分配

多目地址的分配过程主要是该多目地址组标识的分配。在多目地址的格式结构中，给组标识分配了 234bit 的空间，理论上说，这 234bit 可以分配 2^{234} 个不同的组标识。但是因为目前的以太网上实施组播时只能将 IPV9 多目地址中的低 64bit 映射到 IEEE802 的 MAC 地址中，而且在令牌环网中对多目地址的处理又有所不同，为了保证能够在 IPV9 多目地址的基础上生成具有唯一性的 MAC 地址，目前只能使用 234bit 组标识中的低 64bit 来分配组标识，剩余的 170bit 保留不用（设为全零），多目地址形式如表 6.18 所示。

表 6.18　具有组标识的多目地址格式

10bit	8bit	4bit	170bit	64bit
1111 1111 11	标志	作用范围	0	组标识

上述方案将 IPV9 多目地址的永久性组标识限制在 64bit，这已经能够满足目前可以预见的需要了。如果将来对组标识的需要超过这一上限，组播将仍然能够工作但处理过程的速度会稍有降低；随着将来网络设备的发展，还可以把 234bit 的组标识空间全部利用起来。

IPV9 地址为接口和接口组指定了 256 位的标识符，有以下三种地址类型。

（1）单播。一个单接口有一个标识符。发送给一个单播地址的包传递到由该地址标识的接口上。

（2）任意点播。一般属于不同节点的一组接口有一个标识符。发送给一个任意点播地址的包传递到该地址标识的、根据选路协议距离度量最近的一个接口上。

（3）组播。一般属于不同节点的一组接口有一个标识符。发送给一个组播地址的包传递到该地址所有的接口上。

在 IPV9 中没有广播地址，它的功能被组播地址所代替。在本文中，地址内的字段给予一个规定的名字，如“用户”。当名字后加上标识符一起使用（如“用户 ID”）时，则用来表示名字字段的内容。当名字和前缀一起使用时（如“用户前缀”），则表示一直到包括本字段在内的全部地址。

在 IPV9 中，任何全“0”和全“1”的字段都是合法值，除非特殊地排除在外的，特别是前缀可以包含“0”值字段或以“0”为终结的。

6.10　寻址模型

所有类型的 IPV9 地址没有被分配到节点，而是直接分配到接口。IPV9 单播地址属于单个接口。因为每个接口属于单个节点，多个接口的节点，其单播地址中的任何一个可以用作该节点的标识符。所有接口至少需要有一个链路本地单播地址。一个单接口可以指定任何类型的多个 IPV9 地址（单播、任意点播、组播）或范围。具有大于链路范围的单播地址，对这样的接口是不需要的，也就是从非邻居或者到非邻居的这些接口，不是任何 IPV9 包的起源或目的地。这有时使用于点到点接口。

对这样的寻址模型有一个例外：如果处理多个物理接口的实现呈现在 Internet 层好像一个接口的话，一个单播地址或一组单播地址可以分配给多个物理接口。这对于在多个物理接口上负载共享很有用。

各种具体类型的 IPV9 地址有地址中的高位引导比特位域标明。这些引导比特位域的长度各不相同。在协议中它们称为格式前缀 FP（Format Prefix）。如表 6.19 和表 6.20 所示。

表 6.19　格式前缀 FP

格式前缀 FP（*n*bit）	地址（256-*n*bit）

表 6.20　IPV9 地址的格式前缀

格式前缀 FP（*n*bit）	地址（2048-*n*bit）

下面对各种地址类型的前缀进行了总体上的划分，如表 6.21 所示。

表 6.21　IPV9 地址的格式前缀原始分配表

	地址类型	格式前缀（二进制码）	格式前缀（十进制码范围）	占地址空间的比例
1	保留地址	0000 0000 00	0～4194303	1/1024
2	未分配地址	0000 0000 01	4194304～8388607	1/1024
3	IPV9 十进制网络工作组	0000 0000 1	8388608～16777215	1/512
4	IPX 保留地址	0000 0001 0	16777216～25165823	1/512
5	未分配地址段	0000 0001 1	25165824～33554431	1/512
6	未分配地址段	0000 0010	33554432～50331647	1/256
7	未分配地址段	0000 0011	50331648～67108863	1/256
8	未分配地址段	0000 0100	67108864～83886079	1/256
9	未分配地址段	0000 0101	83886080～100663295	1/256
10	未分配地址段	0000 011	100663296～134217727	1/128
11	未分配地址段	0000 10	134217728～201326591	1/64
12	未分配地址段	0000 11	201326592～268435455	1/64
13	未分配地址段	0001 0	268435456～402653183	1/32
14	未分配地址段	0001 1	402653184～536870911	1/32
15	未分配地址段	0010 0	536870912～671088639	1/32
16	未分配地址段	0010 1	671088640～805306367	1/32
17	未分配地址段	0011	805306368～1073741823	1/16
18	可聚合全局单播地址	0100	1073741824～1342177279	1/16
19	未分配地址段	0101	1342177280～1610612735	1/16
20	未分配地址段	011	1610612736～2147483647	1/8
21	地理区域单播地址	100	2147483648～2684354559	1/8
22	地理区域单播地址	101	2684354560～3221225471	1/8
23	未分配地址段	1100	3221225472～3489660927	1/16
24	未分配地址段	1101	3489660928～3758096383	1/16
25	未分配地址段	1110 0	3758096384～3892314111	1/32
26	未分配地址段	1110 10	3892314112～3959422975	1/64
27	未分配地址段	1110 11	3959422976～4026531839	1/64
28	未分配地址段	1111 00	4026531840～4093640703	1/64
29	未分配地址段	1111 010	4093640704～4127195135	1/128
30	未分配地址段	1111 011	4127195136～4160749567	1/128
31	未分配地址段	1111 100	4160749568～4194303999	1/128
32	未分配地址段	1111 1010	4194304000～4211081215	1/256
33	未分配地址段	1111 1011	4211081216～4227858431	1/256
34	未分配地址段	1111 1100	4227858432～4244635647	1/256
35	未分配地址段	1111 1101	4244635648～4261412863	1/256

续表

	地址类型	格式前缀（二进制码）	格式前缀（十进制码范围）	占地址空间的比例
36	未分配地址段	1111 1110	4261412864～4278190079	1/256
37	未分配地址段	1111 1111 0	4278190080～4286578687	1/512
38	未分配地址段	1111 1111 100	4286578688～4288675839	1/2048
39	本地链路单目地址	1111 1111 1010	4288675840～4289724415	1/4096
40	站内单目地址	1111 1111 1011	4289724416～4290772991	1/4096
41	多目地址	1111 1111 11	4290772992～4294967295	1/1024
42	全十进制地址	0	0～10^{512}	0～10^{512}

可聚合全局单目地址和群集地址都属于单目地址，它们在形式上没有任何区别，只是在报文的传播方式上有所不同。因此，可聚合全局单目地址和群集地址分配有相同的格式前缀 0100。协议提出的网络供应商单目地址和地理区域单目地址都归并到了可聚合全局单目地址中。

本地链路单目地址和站内单目地址都是在局部范围内使用的单目地址，为便于路由器加快对这两类地址的识别，分别给它们分配了 111111111010 和 1111 1111 1011 两个地址格式前缀。

因为多目地址在路由器和主机上的处理方法与单目地址和群集地址的处理方法区别比较大，所以给多目地址也单独分配了一个地址格式前缀 1111 111111。

本设计还为“十进制互联网络的地址、域名决策和分配组织”及 IPX 地址预留了地址空间，其对应的地址格式前缀分别是 0000 0000 1 和 0000 0001 0。

IPV9 的一些特殊地址，如未指明地址、本地回送地址和 IPv4 兼容地址，都以 0000 0000 00 作为地址格式前缀。

本 章 小 结

本章介绍了十进制网络的地址结构和寻址模型，包括单目地址结构、可聚合全局单目地址和本地链路单目地址，十进制网络同样制定了从 IPv4、IPv6 到 IPV9 平滑升级转换的一些机制，对使用这种技术的十进制网络节点，需要给它分配 IPv4/IPv6 兼容地址和特殊兼容地址。对分配给多个网络接口的群集地址也进行了介绍。多目地址是在实施网络组播机制时使用的，十进制网络协议也采纳了组播机制，专门设计了组播使用的多目地址，多目地址与群集地址一样是分配给多个网络接口的。了解这些知识对进一步理解十进制网络的数据格式及传输控制具有重要的意义。

第 7 章　十进制网络技术应用

7.1　网络编程接口

套接字（Socket）是进程通信的一种方式，即用来调用网络库的一些 API 函数实现分布在不同主机的相关进程之间的数据交换。依照 TCP/IP 协议分配给本地主机的网络地址，两个进程要通信，进程之间要先知道对方的通信位置，即对方的 IP；同时获取端口号，用来辨别本地通信进程，一个本地的进程在通信时均会占用一个端口号，不同的进程端口号不同，因此在通信前必须要分配一个没有被访问的端口号。一个完整的网络间进程通信需要由两个进程组成，并且只能使用同一种高层协议。IPV9 属于未来网络中最重要的组成部分，介绍十进制网络的接口函数与套接字可为网络应用编程打下基础。

1．网络接口 API

传输层实现端到端的通信，因此，每一个传输层连接有两个端点。那么，传输层连接的端点是什么呢？不是主机，不是主机的 IP 地址，不是应用进程，也不是传输层的协议端口。传输层连接的端点叫作套接字。根据 RFC793 的定义：端口号拼接到 IP 地址就构成了套接字。所谓套接字，实际上是一个通信端点，是应用程序和网络协议的接口。每个套接字都有一个套接字序号，包括主机的 IPv4 地址与一个 16 位的主机端口号，如主机 IP 地址。

例如，IPv4 地址是 118.38.18.1，而端口号是 23，那么得到套接字就是（118.38.18.1:23）。如果 IPV9 地址是 86[128[5]118.38.18.1，而端口号是 23，那么得到套接字就是（86[128[5]18.38.18.1:23）。

总之，Socket=（IP 地址：端口号），套接字的表示方法是点分十进制的 IP 地址后面加上端口号，中间用冒号或逗号隔开。每一个传输层连接唯一地被通信两端的两个端点（即两个套接字）所确定。

套接字可以看成是两个网络应用程序进行通信时，各自通信连接中的一个端点。通信时，其中的一个网络应用程序将要传输的一段信息写入它所在主机的 Socket 中，该 Socket 通过网络接口卡的传输介质将这段信息发送给另一台主机的

Socket 中，使这段信息能传送到其他程序中。因此，两个应用程序之间的数据传输要通过套接字来完成。

在网络应用程序设计时，IPv4 由于 TCP/IP 的核心内容被封装在操作系统中，如果应用程序要使用 TCP/IP，可以通过系统提供的 TCP/IP 的编程接口来实现。

基于 TCP 的套接字编程的所有客户端和服务器端都是从调用 Socket 开始的，它返回一个套接字描述符。客户端随后调用 connect 函数，服务器端则调用 bind、listen 和 accept 函数。套接字通常使用标准的 close 函数关闭，但是也可以使用 shutdown 函数关闭套接字。Socket 的交互流程如图 7.1 所示。

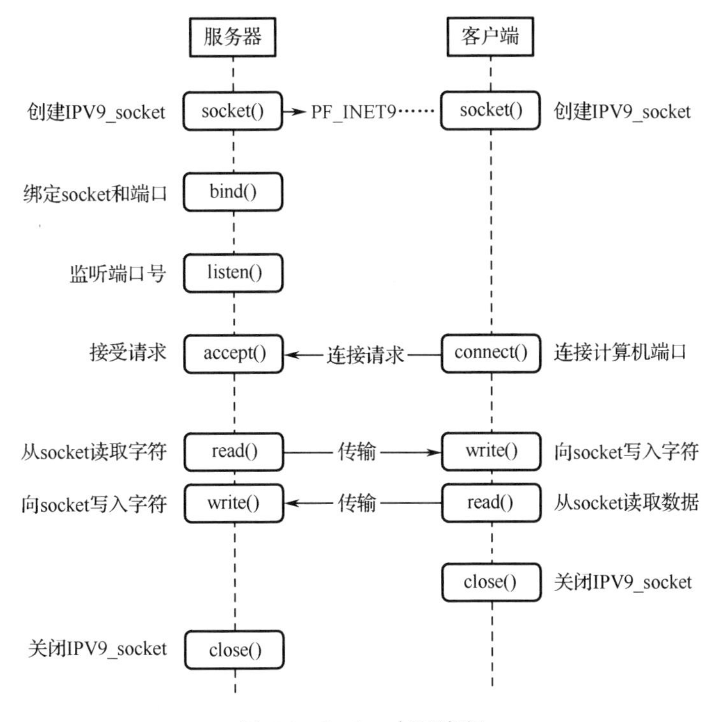

图 7.1　Socket 交互流程

2. IPV9 开发说明

（1）开发环境。

提供带有 IPV9 内核的 Linux 操作环境的 Centos7 操作系统。

```
VMware 虚拟机镜像：Centos7_IPV9_dev_vm
```

编译出的程序复制在 Centos7_IPv9_dev_vm 虚拟机镜像，可正常运行，提供了虚拟机应用开发编译环境、C 语言的 headers 文件和 IPv9_Linux 内核。

（2）IPV9 网络应用程序开发目录。

```
/develop9
```

（3）开发文档目录。

```
/develop9/docs
```

（4）demo 目录。

```
/develop9/test9
```

（5）demo README。

```
/develop9/test9/README
```

（6）test9 程序主要是改变 socket family 程序文件。

```
cd /develop9/test9
make
```

（7）演示操作。

```
#配置 IPV9 地址
ifconfig9 eth1 add 32768[86[21[4]10001
#启动 IPV9 服务端程序：./test9_tcpserver
#启动 IPV9 客户端程序：./test9_tcpcli 32768[86[21[4]10001
```

验证抓包：tcpdump -s 0 -i any -w t.cap，或者 wireshark with ipv9 plugin open t.cap。

以上介绍了十进制网络常用的套接字与接口函数，主要包括创建套接字、绑定函数、连接函数、监听函数、接受函数、读入函数和写入函数等，每个函数都接好了头文件、原型、描述和返回值。这些都是网络编程的基础，掌握好这些函数，对应用程序开发具有重要的作用。

7.2　十进制网络套接字

在十进制网络的 Linux 环境下，TCP9/IP9 的核心内容被封装在操作系统内核中，为了支持用户开发面向应用的通信程序，大部分系统都提供了一组基于 TCP9 或者 UDP9 的应用程序编程接口（API），该接口通常以一组函数的形式出现，也称为套接字。本文档是对 IPV9 协议实验的应用开发说明，非行业标准文档。

1．套接字

套接字是一个抽象层，应用程序可以通过它发送或接收数据，可对其进行如对文件一样的打开、读写和关闭等操作。套接字允许应用程序将 I/O 插入到网络中，并与网络中的其他应用程序进行通信，本 API 版本的网络套接字是支持 IPv4、IPv6 和 IPV9 地址与端口的组合。

（1）头文件。

```
#include <sys/types.h>
#include<sys/socket.h>
```

（2）原型。

```
int socket(int domain, int type, int protocol);
```

（3）描述。

Socket 创建并返回一个通信套接口句柄。

参数 domain 描述通信域，也就是选择通信协议簇。这些通信协议簇被定义在头文件<sys/socket.h>中，目前支持的协议簇有：

PF_UNIX,PF_LOCAL 本地通信协议；

PF_INETIPv4 协议；

PF_INET6　　　　　IPv6 协议；

PF_INET9　　　　　IPV9 协议；

PF_IPXNovell 协议；

PF_NETLINK 核心用户接口设备；

PF_X25ITU-T X.25 协议；

PF_AX25AX.25 协议；

PF_ATMPVC　　访问原始的 ATM PVCs；

PF_APPLETALK　　Appletalk；

PF_PACKET　　　低级别包文接口。

参数 type，用来描述通信语义，目前定义的类型如下。

SOCK_STREAM：提供顺序、可靠、双工、基于连接的字节流，也可以支持带外数据的传输机制；

SOCK_DGRAM：支持数据报（最大长度固定的无连接、不可靠消息）；

SOCK_SEQPACKET：为最大长度固定的数据报提供顺序、可靠、双工、基于连接的数据传输路径；

SOCK_RAW：提供原始的网络协议访问；

SOCK_RDM：提供一个不保证顺序的可靠的数据报层。

某些套接口类型没有在所有的协议簇上实现，如 AF_INET 协议簇并未实现 SOCK_SEQPACKET。

参数 protocol 描述了用于套接口的特殊协议。通常对于特定的包含给定协议簇的套接口类型来说，只有一种简单的协议能够支持它。当然，有时候存在多个协议，必须用该参数来做出说明。

（4）返回值。

错误时返回-1，errno 表示出错类型值；否则返回套接口句柄值。

2．bind

将一本地地址与一套接口捆绑。本函数适用于未连接的数据报或流类套接口，在 connect()或 listen()调用前使用。当用 socket()创建套接口后，它便存在于一个名字空间（地址族）中，但并未赋名。bind()函数通过给一个未命名套接口分配一个本地名字来为套接口建立本地捆绑（主机地址/端口号）。

（1）头文件。

```
#include <sys/types.h>
#include<sys/socket.h>
```

（2）原型。

```
bind(intsockfd, structsockaddr *my_addr, socklen_taddrlen);
```

（3）描述。

bind 为套接口句柄提供本地地址 my_addr，my_addr 的长度为参数 addrlen，这称为套接口名字赋值。

通常一个 SOCK_STREAM 类型的套接口必须调用 bind 来赋上一个本地地址，才能进行连接和接收。

对不同的协议簇，赋值的结构也不相同。对 AF_INET 为 structsockaddr_in，对 AF_INET9 为 struct sockaddr_in9。

（4）返回值。

成功时返回 0，错误时返回-1，errno 表示出错类型值。

3．connect

connect()用于建立与指定 Socket 的连接。

（1）头文件。

```
#include <sys/types.h>
#include<sys/socket.h>
```

（2）原型。

```
connect(intsockfd, conststructsockaddr *serv_addr, socklen_taddrlen);
```

（3）描述。

句柄 sockfd 必须指向一个套接口。如果套接口的类型为 SOCK_DGRAM，那么参数 serv_addr 所代表的地址是数据报文的默认目的地址，也是接收报文时的源地址。如果套接口的类型为 SOCK_STREAM 或 SOCK_SEQPACKET，这个调用就会试图去建立与另一个套接口的连接。其他套接口由参数 serv_addr 来描述，是一个套接口通信空间的地址，每个通信空间各自解释 serv_addr 参数。

通常，基于连接的协议只成功地连接一次，无连接的协议套接口可能会多次连接以改变会话。无连接的协议套接口也可能会连接到一个协议簇为 AF_UNSPEC 的地址来取消会话。

（4）返回值。

成功时返回 0，错误时返回-1，errno 表示出错类型值。

4．listen

listen 创建一个套接口并监听申请的连接。

（1）头文件。

```
#include <sys/types.h>
#include<sys/socket.h>
```

（2）原型。

```
int listen(int s, int backlog);
```

（3）描述。

为了确认连接，首先创建一个套接口，而是否愿意确认连接及连接队列的长度限制，则由 listen 来描述，然后才调用 accept 来确认连接。listen 调用仅适用于类型为 SOCK_STREAM 和 SOCK_SEQPACKET 的套接口。

参数 backlog 定义了未连接队列的最大长度。

（4）返回值。

成功时返回 0，错误时返回-1，errno 表示出错类型值。

5．accept

创建一个套接口并监听申请的连接。

（1）头文件。

```
#include <sys/types.h>
```

```
#include<sys/socket.h>
```

（2）原型。

```
int accept(int s, structsockaddr *addr, socklen_t *addrlen);
```

（3）描述。

基于连接的套接口类型（SOCK_STREAM、SOCK_SEQPACKET 和 SOCK_RDM）可以使用 accept 函数。它在未连接队列中选取第一个连接请求，创建一个新的与参数 s 相似的已连接套接口，然后分配该套接口的句柄并返回。新创建的套接口不再处于侦听状态，而源套接口 s 则不受该调用的影响。

（4）返回值。

错误时返回-1，errno 表示出错类型值；成功时返回非负整数，表示确认套接口的句柄。

6．select

select 监视三个套接口集合。

（1）头文件。

```
#include <sys/time.h>
#include <sys/types.h>
#include <unistd.h>
```

（2）原型。

```
int select(int n, fd_set *readfds, fd_set *writefds, fd_set *exceptfds,
structtimeval*timeout);
FD_CLR(intfd, fd_set *set);
FD_ISSET(intfd, fd_set *set);
FD_SET(intfd, fd_set *set);
FD_ZERO(fd_set *set);
```

（3）描述。

select 可实现同时监视三个套接口集合 readfds、writefds 和 exceptfds。

readfds 中的套接口将被监听是否有可以接收的字符；writefds 中的套接口将被监视是否能立刻发送数据；exceptfds 中的套接口将被监视是否发生异常。

四个宏定义用来操作套接口集合：FD_ZERO 将清空一个集合；FD_SET 和 FD_CLR 从集合中增加或删除一个句柄；FD_ISSET 用来测试一个句柄是否在该集合中。

参数 *n* 应该等于最高的文件描述符的值加 1。

参数 timeout 定义了 select 调用阻塞直至返回的最长时间间隔。它可以是零，使得 select 直接返回。如果 timeout 结构指针为 NULL，select 将阻塞不确定的时间。

（4）返回值。

成功时返回套接口句柄，该句柄包含在套接口集合中。如果最大时间间隔过后没有发生变化则返回 0，错误时返回-1，errno 表示出错类型值。

7．recv，recvfrom，recvmsg

（1）头文件。

```
#include <sys/types.h>
#include<sys/socket.h>
```

（2）原型。

```
intrecv(int s, void *buf, size_tlen, int flags);
intrecvfrom(int s, void *buf, size_tlen, int flags, structsockaddr *from,
socklen_t *fromlen);
intrecvmsg(int s, structmsghdr *msg, int flags);
```

（3）描述。

recvfrom 和 recvmsg 调用被用来从一个套接口中接收信息，而不管该套接口是否面向连接。如果 from 参数不为 NULL，则该套接口不是面向连接的，发送信息的源地址将被赋值在其中。参数 fromlen 初始值为参数 from 的数据缓冲区大小，返回时为参数 from 中实际存储地址的缓冲区大小。

recv 调用通常在一个已连接的套接口中使用，相当于 recvfrom 调用时参数 from 为 NULL 的情况。

如果成功接收到数据信息，则返回值为该数据信息的长度。如果该数据信息的长度超出了数据缓冲区的长度，则超出的部分将被丢弃，丢弃多少取决于用于接收信息的套接口的类型。

如果套接口没有接收到信息，除非该套接口是非阻塞的，否则将一直等待信息。套接口是非阻塞时，返回值为-1，errno 值为 EAGAIN。

recvmsg 调用使用了 msghdr 结构，定义在头文件<sys/socket.h>中。

（4）返回值。

成功时返回接收数据的长度，错误时返回-1，errno 表示出错类型值。

8．send，sendto，sendmsg

（1）头文件。

```
#include <sys/types.h>
#include<sys/socket.h>
```

（2）原型。

```
int send(int s, const void *msg, size_tlen, int flags);
intsendto(int s, const void *msg, size_tlen, int flags, conststructsockaddr *to,
socklen_ttolen);
intsendmsg(int s, conststructmsghdr *msg, int flags);
```

（3）描述。

send()、sendto()和 sendmsg 调用被用来传输信息到其他套接口。send 调用只适用于面向连接的套接口，而 sendto 和 sendmsg 调用则适用于所有场合。

目标地址由参数 to 来设定，它的长度为参数 tolen，发送信息的长度由参数 len 来表示。如果信息的长度太大而不能被低层的协议一次发送，将返回-1，errno 设为 EMSGSIZE。

如果发送信息的长度大于套接口发送缓冲区的长度，send 调用通常将阻塞，除非套接口被设定为非阻塞方式。在非阻塞方式中将返回-1，errno 设为 EAGAIN。select 调用能够决定是否能发送更多的数据。

结构 msghdr 定义在头文件<sys/socket.h>中。

（4）返回值。

成功时返回发送数据的长度，错误时返回-1，errno 表示出错类型值。

9．ioctl()

（1）头文件。

```
#include <sys/ioctl.h>
```

（2）原型。

```
Intioctl(int d, int request, ...);
```

（3）描述。

ioctl 调用可以对底层设备的参数进行操作。参数 d 为文件句柄，参数 request 决定后面的参数类型及大小。用于描述参数 request 的宏定义详见<sys/ioctl.h>。

（4）返回值。

成功时返回 0，错误时返回-1，errno 表示出错类型值。

10．getsockopt()，setsockopt()

（1）头文件。

```
#include <sys/types.h>
#include<sys/socket.h>
```

（2）原型。

```
Intgetsockopt(int s, int level, intoptname, void *optval, socklen_t *optlen);
Intsetsockopt(int s, int level, intoptname, const void *optval, socklen_toptlen);
```

（3）描述。

getsockopt 和 setsockopt 调用可以对套接口的选项进行操作。选项存在于多个协议级别，但总是在最高的套接口级中表示。当操作套接口选项时，必须说明选项的级别名和选项名。对于套接口的选项，级别名为 SOL_SOCKET。对于其他级别的协议，则提供了其他的协议控制号码，如 TCP 协议，级别名必须为 TCP 系列。

参数 optval 和 optlen 是 setsockopt 调用访问选项值时使用的。对于 getsockopt 调用，它们是用来返回请求选项值的缓冲区，参数 optlen 的初始值为缓冲区 optval 的大小，返回时是实际返回值的缓冲区大小。如果没有选项值可以返回，则参数 optval 设为 NULL。

参数 optname 和选项参数未经解释就会被送到适当的核心协议模块进行解释。在头文件<sys/socket.h>中有套接口级别和选项结构的详细定义，不同协议级别的选项格式和名称有很大的不同。

大多数套接口级别的选项利用整数值作为参数 optval，对于 setsockopt 调用，参数必须为非零以支持布尔选项，或者为零来进行禁止。

在设定 IPV9 流标签时，可以采用如下的调用：

```
int on = 1;
struct in9_flowlabel_req freq;
structin9_addrdst_addr;

memcpy(&(freq.flr_dst), &dst_addr, 32);
freq.flr_label = htonl(0x0000000f);
freq.flr_action = IPV9_FL_A_GET;
freq.flr_share = IPV9_FL_S_EXCL;
freq.flr_flags = IPV9_FL_F_CREATE;
freq.flr_expires = 0;
freq.flr_linger = 0;
freq.__flr_pad = 0;

setsockopt(s, IPPROTO_IPV9, IPV9_FLOWINFO_SEND, &on, sizeof(int));
setsockopt(s, IPPROTO_IPV9, IPV9_FLOWINFO, &on, sizeof(int));
setsockopt(s, IPPROTO_IPV9, IPV9_FLOWLABEL_MGR, &freq,
sizeof(structin9_flowlabel_req));
```

上述代码将套接字 s 的流标签设为 0000f，其中流标签的目的地址定义在 dst_addr 中。

结构 in9_flowlabel_req 的定义如下：

```
struct in9_flowlabel_req{
struct in9_addrflr_dst;
__u32    flr_label;
__u8     flr_action;
__u8     flr_share;
__u16    flr_flags;
__u16    flr_expires;
__u16    flr_linger;
__u32    __flr_pad;
};
```

（4）返回值。

成功时返回 0，错误时返回-1，errno 表示出错类型值。

7.3　十进制网络路由命令

在十进制网络路由器中，查看 IP 地址格式、路由跳转等信息，需要用到 Linux 命令，所有原生 Linux 命令后面加上数字 9 即可在 IPV9 中完成相应的功能，常见命令如下。

（1）ifconfig9。

功能：用于查看网卡信息，可单独使用查看各网卡 IP 地址，其后也可接设备名和 add、del 等参数，为一个网络接口卡添加或删除一个 IPV9 地址。

语法：ifconfig9 DEVNAME add/del V9_ADDR/MASK

示例：

```
ifconfig9 eth0 add 1000000000[6]2/32
ifconfig9 eth1 del 1000000000[6]2/32
```

特定功能：ifconfig9 4to9 tunnel [7]1，查询 IPV9 地址和 IPv4 地址的映射关系，用 dmesg 命令查看结果。

ifconfig9 4to9 tunnel3000000000[6]1，此命令表示将 3000000000[6]作为 4to9 设备 IPv4 地址映射为 IPV9 地址的前缀值，最后一位不采用（原因是最后一位用于表示 v4 地址），用 dmesg 命令查看结果。

（2）ping9。

功能：使用网络差错控制协议诊断与一个目标 IPV9 地址的连通状况。

语法：ping9 -a inet9 V9_ADDR

示例：

```
ping9 -a inet9 1000000000[6]2
```

（3）route9。

功能：添加/删除一条 IPV9 网络的路由。

语法：

```
route9 -A inet9 add V9_NET/MASK [ gw DST_V9_ADDR ] [ dev DEVNAME]
```

示例：

```
route9 -A inet9 add default gw 1000000000[6]1（default 为默认路由）
route9 -A inet9 add 2000000000[7]/32 gw 1000000000[6]1
route9 -A inet9 add 2000000000[7]/32 gw 1000000000[6]1 dev eth0
route9 -A inet9 add 2000000000[7]/32 dev eth1
```

（4）iptunnel9。

功能：添加/删除一个 IPV9 隧道。

语法：

```
iptunnel9 { add | change | del | show } [ NAME ]
[ mode { ipip | gre | sit } ] [ remote ADDR ] [ local ADDR ]
[ [i|o]seq ] [ [i|o]key KEY ] [ [i|o]csum ]
[ ttl TTL ] [ tos TOS ] [ nopmtudisc ] [ dev PHYS_DEV ]
```

示例：

```
iptunnel9 add tun90 mode sit remote 192.168.15.156
iptunnel9 del tun90
```

（5）ssh9/sshd9。

功能：ssh 远程 IPV9 主机。

语法：

```
ssh9 [-1249AaCfgKkMNnqsTtVvXxYy] [-b bind_address] [-c cipher_spec]
[-D [bind_address:]port] [-e escape_char] [-F configfile]
[-I pkcs11] [-i identity_file]
[-L [bind_address:]port:host:hostport]
[-l login_name] [-m mac_spec] [-O ctl_cmd] [-o option] [-p port]
[-R [bind_address:]port:host:hostport] [-S ctl_path]
[-W host:port] [-w local_tun[:remote_tun]]
[user@]hostname [command]
```

示例：启动 sshd9 服务。

```
/sbin/sshd9 -p 30001
ssh9 -p 30001 root@32768[86[10[15[3]2
```

（6）scp9。

功能：复制 IPV9 主机文件。

语法：

```
scp [-12346BCpqrv] [-c cipher] [-F ssh_config] [-i identity_file]
[-l limit] [-o ssh_option] [-P port] [-S program]
[[user@]host1:]file1 ... [[user@]host2:]file2
```

示例：

```
scp9 -P 30001 a.txt root@32768[86[10[15[3]2:/root/
```

注释：

DEVNAME：网络接口卡名称。

V9_ADDR：IPV9 地址表示格式，地址分八段 32 位长，每段用十进制表示，相互用[隔开，特别情况下，可以用[x]（x 表示为 0 的段数来简写表示），如 1[1[0[0[0[0[1[1 等价于 1[1[4]1[1。

MASK：IPV9 网络掩码位长大于 0 小于 256。

V9_NET：以 V9 网络前缀与掩码位补 0 计算所得的网络表示形式。

7.4　十进制网络应用场景

本节介绍的十进制网络应用场景较完整地体现了十进制网络系统的特色和优点。涵盖了十进制网络网络体系的部分功能，应用场景如下。

7.4.1　应用 1：纯 IPV9 网络

此应用可实现纯 IPV9 网络构架，最简单的系统包括 IPV9 客户端/服务端 A，IPV9 客户端/服务端 B，10G IPV9 路由器 C、D，网络拓扑图如图 7.2 所示。

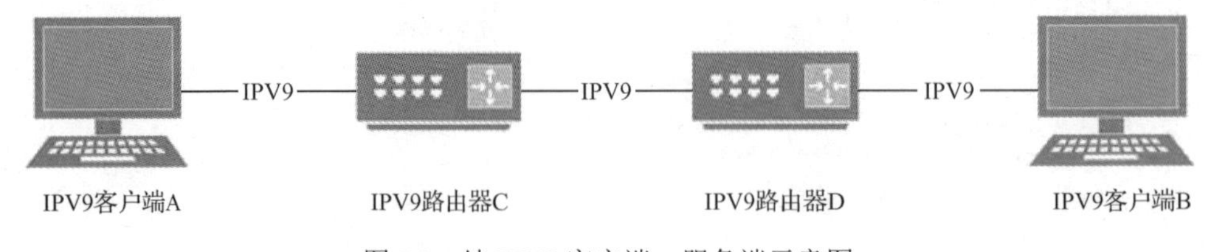

图 7.2　纯 IPV9 客户端—服务端示意图

纯 IPV9 客户端—服务端场景适用环境为在一个区域内构建纯 IPV9 网络，适用于建立独立的 IPV9 网络体系。

7.4.2　应用 2：IPv4 网络接入 IPV9 网络

此应用可实现 IPv4 网络应用通过纯 IPV9 网络通信，最简单的系统包括 IPv4 客户端/服务端 A，IPv4 客户端/服务端 B，IPV9 10G 路由器 C、D，网络拓扑如图 7.3 所示。

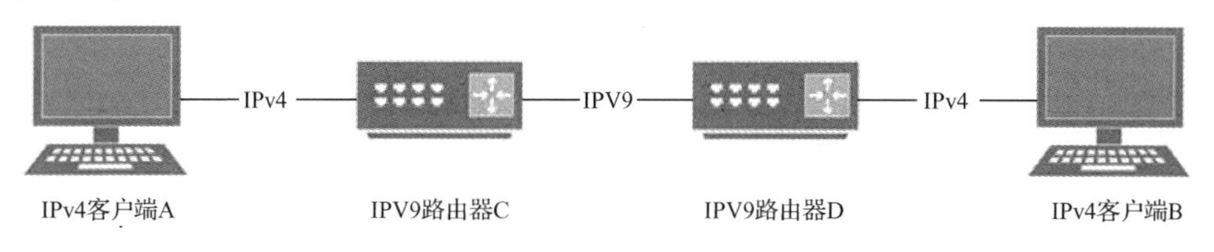

图 7.3　IPv4 网络连接 IPV9 网络拓扑

该场景适用于将几个不同区域的 IPv4 网络通过 IPV9 核心网络连接起来，实现不同 IPv4 网络之间的穿透访问。一个主要的特点是除了现有的 IPv4 网络外，其他区域都使用了 IPV9 协议传输，这就要求不同的 IPv4 网络之间需要专网连接（如光纤、DDN 专线等）。

7.4.3　应用 3：IPv4 网络通过隧道 9over4 连接 IPV9 网络

此应用可实现 IPv4 网络通过 9over4 隧道通信。最简单的系统包括 IPv4 客户端/服务端 A，IPv4 客户端/服务端 B，IPV9 10G 路由器 C、D。此应用 3 与应用 2 的最大区别是，路由器 C、D 之间使用 IPv4 公网地址、基于 9over4 隧道通信。此应用模拟了在目前条件下，IPV9 网络使用现有 IPv4 公网实现不同地理区域的 IPV9 网络勾连，具备了构建全国网络的能力。网络拓扑如图 7.4 所示。

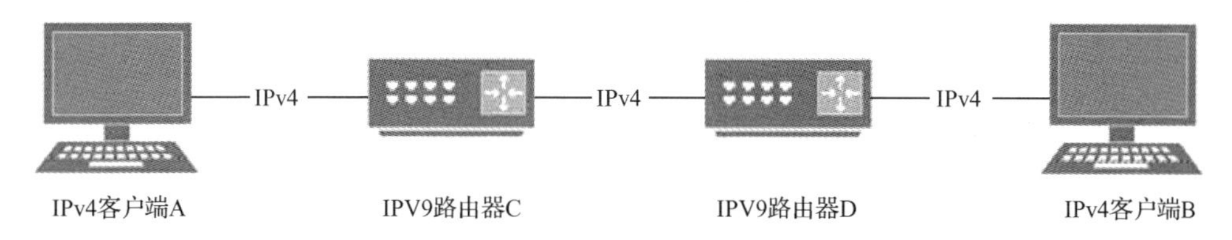

图 7.4　IPv4 网络通过隧道 9over4 连接 IPV9 网络拓扑

几个不同区域的 IPv4 网络通过 IPV9 over IPv4 核心网络连接起来，实现不同 IPv4 网络之间的穿透访问。一个主要的特点是核心网络之间使用了现有 IPv4 的网络，通过 9over4 隧道模式通信。可以使用现有 IPv4 公网快速搭建不同区域的 IPv4 网络之间的连接，并实现穿透访问。

7.4.4 应用 4：IPV9 网络通过隧道 9over4 连接 IPv4 网络

此应用可实现 IPV9 网络通过 9over4 隧道通信。最简单的系统包括 IPV9 客户端/服务端 A，IPV9 客户端/服务端 B，IPV9 10G 路由器 C、D。此应用 4 和应用 1 的最大区别是，路由器 C、D 之间使用 IPv4 公网地址、基于 9over4 隧道通信。此场景模拟了在目前条件下，IPV9 网络使用现有的 IPv4 网络实现不同地理区域的 IPV9 网络勾连，具备了构建全国网络的能力。网络拓扑如图 7.5 所示。

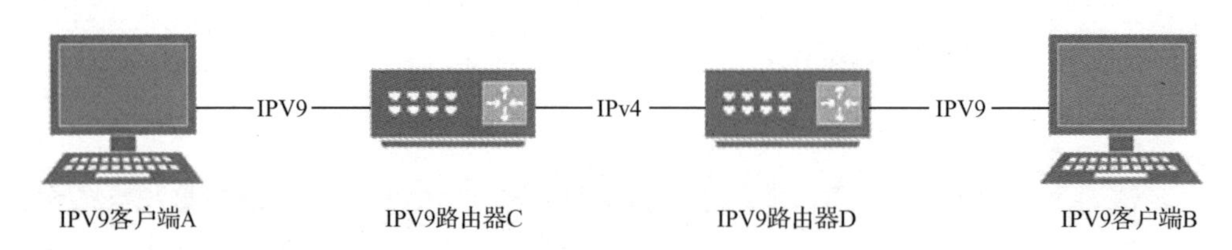

图 7.5 IPv4 网络通过隧道 9over4 连接 IPV9 网络拓扑

该场景实现了 *N* 个场景 1 的 IPV9 网络孤岛，通过 IPV9 over IPv4 核心网络连接起来，实现不同 IPV9 网络之间的穿透访问。一个主要的特点是核心网络之间使用了现有的 IPv4 网络，通过 9over4 隧道模式通信。可以使用现有 IPv4 公网快速连接不同区域的 IPV9 网络，并实现穿透访问。

7.4.5 应用 5：混合网络构架

在此应用中，IPV9 接入路由器的客户端同时接入 IPv4 网络、IPV9 网络，多个 IPV9 路由器的网络端接入同一个核心路由器的用户端，核心路由器的网络端同时接入 IPv9 网络和 IPv4 网络（包括公网）；可以实现 IPv4 客户端穿透私网访问其他子网的 IPv4 客户端，IPv4 客户端正常访问互联网，IPV9 客户端访问其他自治域的 IPV9 客户端，接入路由器之间使用 OSPFv9 动态路由器协议建网，IPV9 核心路由器之间可以选择使用隧道 9over4 访问上海节点 IPV9 网络或使用纯 IPV9 协议访问北京节点 IPV9 网络。网络拓扑结构如图 7.6 所示。

该场景主要用于构建 IPV9 大网环境，无缝集成 IPv4 网络、IPV9 网络。把所有的 IPV4、IPV9 网络孤岛使用 IPV9 协议或者现有 IPv4 公网连接，可以方便快速地把不同区域的独立网络通过 IPV9 网络体系连接形成全国的统一大网。

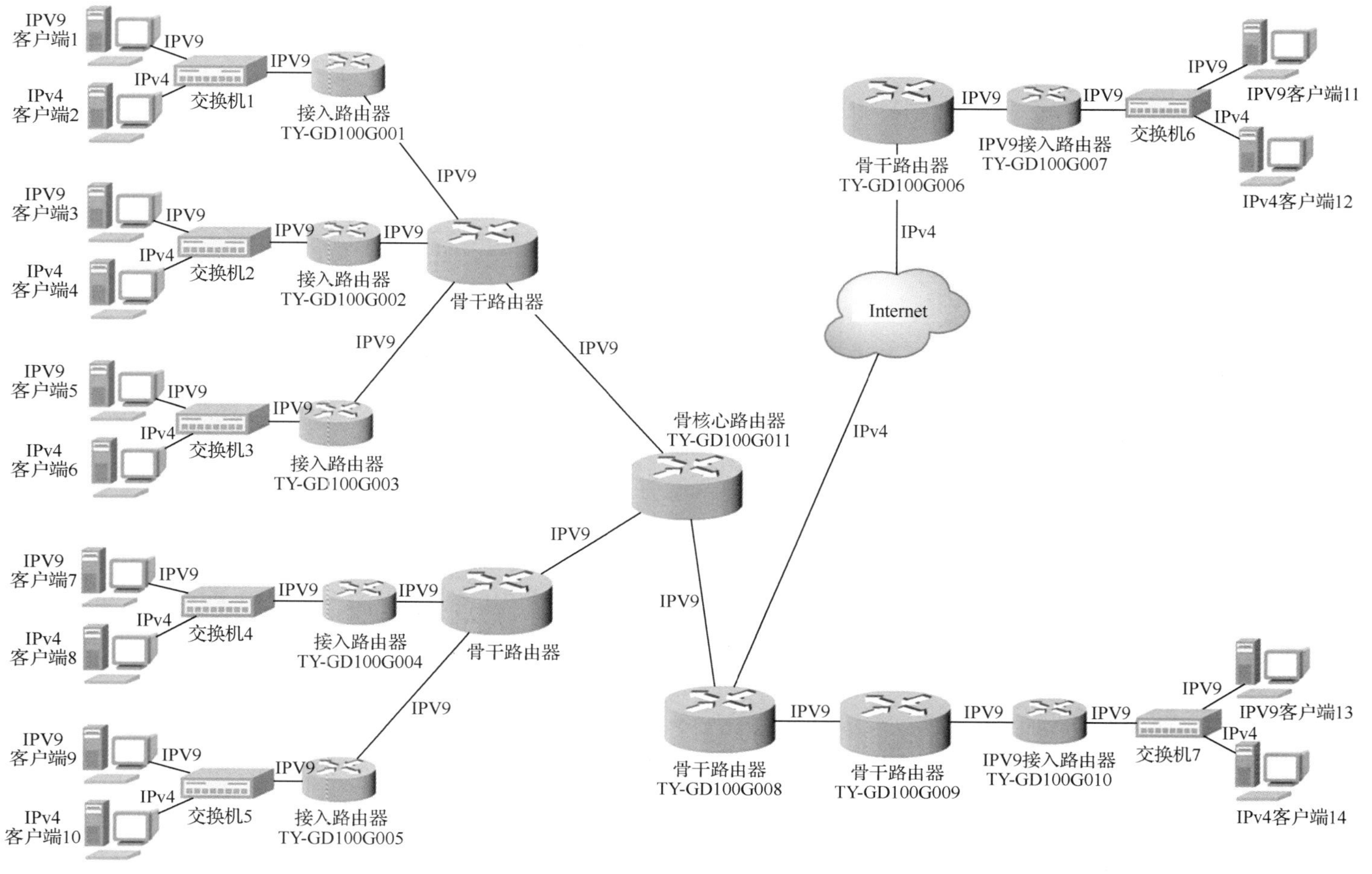

图7.6　IPV9混合网络构架测试拓扑结构

7.4.6 应用 6：混合场景模式下 IPV9 系统接入 IPV9 网络

混合应用场景模式下客户使用 IPV9 自动分配系统接入 IPV9 网络。此应用在实现应用 5 的所有功能的基础上，提供了一种方便用户接入 IPV9 的方法。用户在可以使用任意 IPv4 互联网条件的前提下，通过 IPV9 自动分配系统注册成功后，有管控地接入 IPV9 网络，其他功能和应用 5 一致。

此场景用于构建IPV9大网环境，无缝集成IPv4网络、IPV9网络把所有的IPv4、IPV9 网络孤岛使用 IPV9 协议或者现有 IPv4 公网互连，同时给家庭用户提供嵌入式路由器，使之可以接入 IPV9 网络。使用 IPV9 网络体系可以方便快速地把不同区域的独立网络和家庭独立孤岛网络进行连接，形成全国的统一大网。

7.4.7 应用 7：IPV9 根域名代理系统

IPV9 根域名系统在强大的后台数据库的支持下，提供兼容 RFC1035 协议的系统扩展支持能力，与现有 IPv4 域名系统形成共生关系，同时，为 IPV9 域名提供自主可控的应用保障。

系统网络包括 IPV9 域名后台支持系统、路由和网络增加服务系统、应用端系统三个部分。其中，IPV9 域名后台支持系统又可以采用网格化部署，分别部署在上海、北京，建立既有机统一又能相对独立运行的根域名扩展支持环境；路由和网络增加服务系统可以选择 IPv4、IPv6 网络，也可以选择使用 IPV9 网络；应用端系统包括移动终端和桌面平台支持系统。测试结果如图 7.7 所示。

```
xtiger@ubuntu:~$ dig9 +trace -x 202.170.218.91 +noedns +nodnssec

; <<>> DiG 9.12.0b2 <<>> +trace -x 202.170.218.91 +noedns +nodnssec
;; global options: +cmd
.                       84400   IN      NS      n.root-servers.chn.
.                       84400   IN      NS      o.root-servers.chn.
.                       84400   IN      NS      p.root-servers.chn.
.                       84400   IN      NS      q.root-servers.chn.
.                       84400   IN      NS      r.root-servers.chn.
.                       84400   IN      NS      s.root-servers.chn.
.                       84400   IN      NS      t.root-servers.chn.
.                       84400   IN      NS      u.root-servers.chn.
.                       84400   IN      NS      v.root-servers.chn.
.                       84400   IN      NS      w.root-servers.chn.
.                       84400   IN      NS      x.root-servers.chn.
.                       84400   IN      NS      y.root-servers.chn.
.                       84400   IN      NS      z.root-servers.chn.
;; Received 506 bytes from 32768[86[21[4]3232239457#53(32768[86[21[4]3232239457)
 in 471 ms

202.in-addr.arpa.       86400   IN      NS      a.arpa-servers.chn.
;; Received 109 bytes from 32768[86[10[3[3]2#53(q.root-servers.chn) in 29 ms

91.218.170.202.in-addr.arpa. 120 IN     PTR     em777.chn.
218.170.202.in-addr.arpa. 86400 IN      NS      a.arpa-servers.chn.
218.170.202.in-addr.arpa. 86400 IN      NS      a.gtld-servers.chn.
218.170.202.in-addr.arpa. 86400 IN      NS      b.gtld-servers.chn.
;; Received 182 bytes from 172.16.3.2#53(a.arpa-servers.chn) in 187 ms

xtiger@ubuntu:~$
```

图 7.7 IPV9 根域名代理系统解析结果图

IPV9 根域名代理系统提供 IPv4、IPV9 Windows 客户端/Andriod 手机平台 DNS 解析。

7.5　十进制网络典型应用

目前，我国已在北京市、上海市、山东省、江苏省、浙江省建设了拥有十进制网络地址空间、根域名服务器及十进制网络骨干光缆系统的示范工程，可替代以前从美国通过太平洋越洋光缆进口的互联网管理信令，正在建设十进制网络骨干光缆及关口局。十进制网络已完成等多点测试应用，取得了良好的试验数据。

7.5.1　山东省泰安市健康生态域建设

1．项目背景

2016 年年初，山东省泰安市财政局受市政府委托，在学习福建省三明市等地方经验的基础上，提出了坚持“三金管理”撬动“三医联动”的改革思路，明确了“医改+财政管理+市场化”的改革路径。

2016 年年底，按照公立医疗机构全面预算管理的要求，借助信息化管理手段，推动“健康泰安资金结算监管平台”建设，实现全市医疗机构财务一体化管理。

2017 年 3 月，工业和信息化部十进制网络标准化工作组与北京神洲天才科技发展有限公司及泰安市人民政府协商，将 IPV9 根域名服务器资源落地泰安，建设了 IPV9 网络技术示范区。

2017 年 8 月 21 日，根据《国务院办公厅关于促进和规范健康医疗大数据应用发展的指导意见（国办发〔2016〕47 号）》文件精神，在“健康泰安资金结算监管平台”的基础上，决定建设“健康泰安大数据生态域”，并将“健康泰安大数据生态域”项目作为 IPV9 网络技术应用示范项目。

2017 年 10 月，参考健康医疗大数据三大集团“国家队”（中国健康医疗大数据股份有限公司、中国健康医疗大数据产业发展集团公司和中国健康医疗大数据科技发展集团公司）模式，“健康泰安大数据生态域”项目由山东泰山财金医疗产业投资发展有限公司（以下简称财金医疗）承接，市场化运营。

2018 年 3 月，依据《关于促进“互联网+医疗健康”发展的意见》等相关标准及政策要求，财金医疗完成了“健康泰安大数据生态域”的基础平台、医疗服务、健康服务、健康家庭、业务协同、惠民服务、业务监管、新兴技术共计八大类四十七款产品的规划。

2. 项目定位

财金医疗坚持“以营养改、以改立公”的医改工作要求，牢牢把握“公益性+市场化”的工作路径。

公益性：“健康泰安大数据生态域”对全市公立医疗机构免费接入使用，既节约财政投入又减轻医院的负担，并对医院信息化做了全面升级，提高医院的服务供给能力。

市场化：“健康泰安大数据生态域”整合社会资源，利用国内外成熟的商业模式，通过与保险机构、药企、科研机构、银行、供应商等合作，并对民营医疗机构提供不高于市场价格的信息化系统服务等，实现公司收益。

3. 项目简介

“健康泰安大数据生态域”作为十进制网络技术应用示范项目，建设了医疗卫生机构、医联体、医共体、医疗集团、各级医疗卫生管理部门信息系统，构建了泰安市、县、乡、村、家庭一体化医疗预防服务体系，汇聚泰安 560 万人口的健康信息，打造泰安市“互联网+”医养健康、“互联网+”智慧养老、“互联网+”远程医疗、“互联网+”便民惠民服务体系，为泰安市人民提供全生命周期健康管理服务，提高医疗健康服务的可及性，满足人民群众日益增长的医疗卫生健康需求，全方位、全周期维护和保障人民健康。

“健康泰安 IPV9 大数据平台”项目依托山东广电网络有限公司泰安分公司现有骨干光缆和用户传输接入网络，使用 IPV9 网络技术进行升级改造建设，覆盖到泰安市的区、县、乡、村各级医疗卫生机构及泰安市财政局、医保局和行政管理部门，并可进一步拓展到家庭和个人。带宽满足“健康泰安”大数据业务要求并可持续扩展，实现了 IPV9 网络与 IPv4 网络的兼容安全运营（同时也实现了 IPV9 与 IPv4、IPv6 网络的逻辑安全隔离）。目前使用了 2 台 40G 和 6 台 10G 的 IPV9 骨干路由器和 300 台（未来发展至 3000 台）IPV9 千兆用户路由器，在肥城市已开始部署到村卫生所。

对泰安市政府而言，在国产自主安全可控的网络上实现辖区内 3000 家直至村级卫生所的医疗机构连接到 IPV9 泰安市城域网上（包括泰安市财政局医保部门），每个医患的治疗用药过程、账单全部受到财政局监督，具有重要的意义。以前到每年的 10 月份，泰安市每年十亿元的财政医疗补贴就用完了（因为过度过药、药品采购不透明），现在按照制定的财政补贴，计划执行得很好，堵住了医疗费用浪费的黑洞。泰安市财政局还要求把各医疗单位的全部信息都统一集中在泰安市的大健康云上，方便了医患信息的存取、信息的共享和利用。

该系统分为6个区域，核心区为两台华为S2710数据中心级交换机集群。核心区与其他区域均使用双万兆互联。一期系统中接入的医疗机构最终合并接入网区。其网络拓扑结构如图7.8所示。

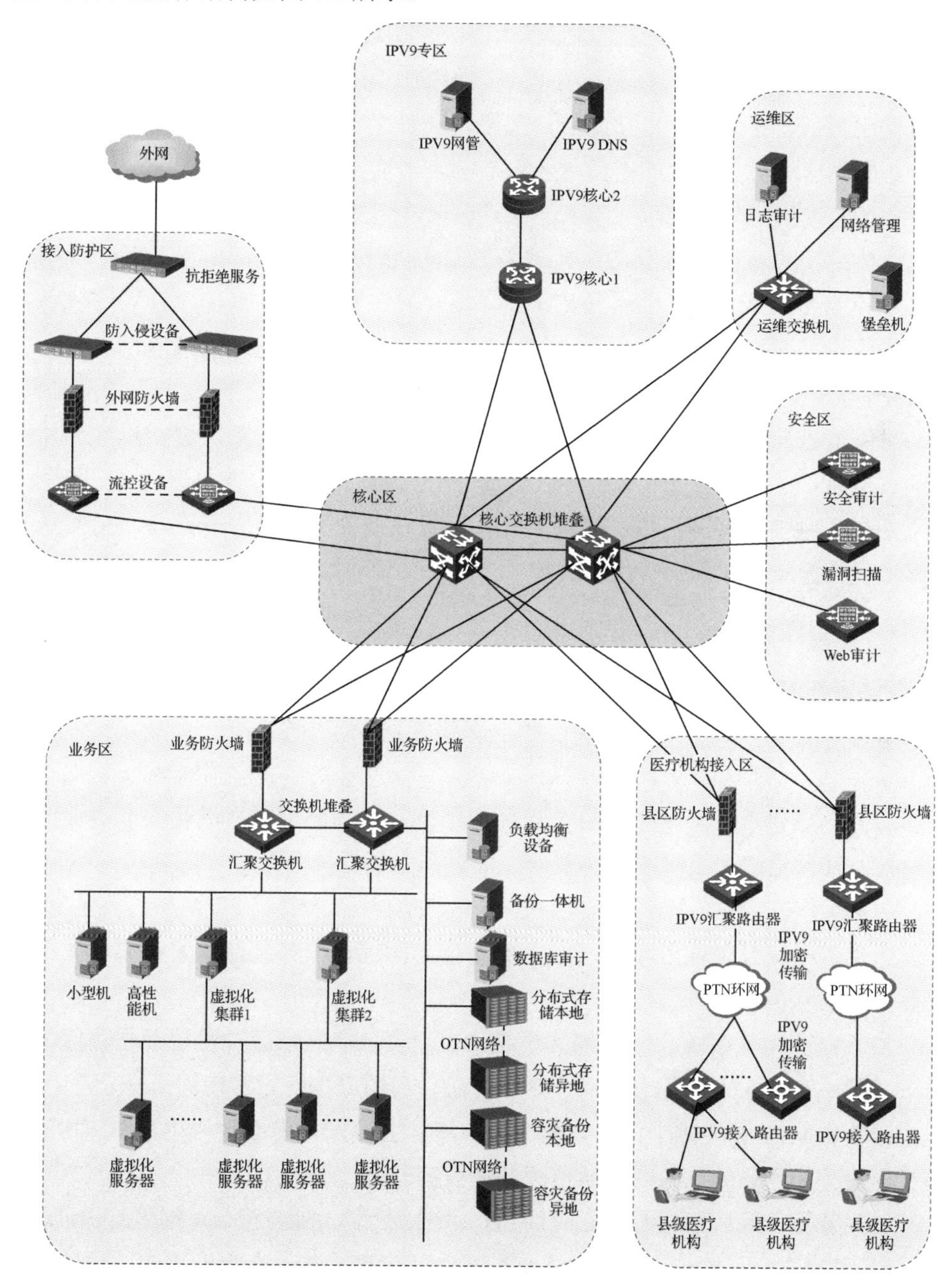

图7.8 健康泰安大数据生态域网络拓扑图

接入区为所有卫生医疗机构接入区域，现使用两台华为万兆防火墙进行隔离及汇聚。其中市直及泰山区使用一台，其他县区使用一台。前期业务量有限，两台防火墙各使用一条万兆路由器上联，未来随着业务发展可以随时实现扩容。

内网区由两台 IPV9 骨干路由器及华为 6650 数据防火墙为核心，数据防火墙将内网与核心交换机 12710 相隔离，起到保护作用。内网区通过光纤交换机完成虚拟化服务器及存储设备搭建为云，部署内网所有应用。IPV9 骨干路由器针对内网核心数据区域进行地址加密，具备更高的安全性。

在“健康泰安”大数据应用中，中心机房数据服务器分配了 IPV9 地址和 IPV9 域名，终端用户可通过访问 IPV9 域名的方式进行业务访问。对于各医疗机构原 IPv4 网络保持组网方式、网络扑拓基本不变，只在网络中增加 IPv4/IPV9 路由器，即可实现数据交换的正常进行，实现了 IPV9 网络与 IPv4 网络的兼容，同时实现了 IPV9 与 IPv4、IPv6 网络的逻辑隔离。

外网处部署防火墙，与外网之间部署了天融信抗攻击设备，进一步增加外网区的安全防护。平台日志、审计、监测及 IPV9 管理等设备部署在管理区。安全区用于部署天融信的漏洞扫描、网络审计、流控以及安天的防入侵设备，主要是为网络提供安全审计和漏扫等保护功能。

4. 项目建设情况

“健康泰安大数据生态域”所涉及的硬件已全部到位，网络铺设基本完成，所涵盖的平台及近百个业务系统已经全部部署完成，并完成统一集成。具体情况如下。

（1）平台建设。整个平台目前已经稳定运行，部分市区县的相关业务已经完成对接，在数据清洗及标准化的基础上汇聚在大数据平台中。

（2）医疗公卫业务相关系统。HIS、LIS、PACS、EMR、移动医护、公共卫生、家庭医生等医疗公卫业务系统已经在肥城市全面铺开，并且在泰安市第四人民医院等市属医院全面上线。

（3）财务相关系统。财务相关系统已在泰安市属八家公立医院及岱岳区、新泰市、肥城市、东平县各卫健局、县级医院、乡镇卫生院正常使用。

（4）医联体/医共体等协作系统。目前转诊会诊四大中心（心电/影像/病理/检验）等业务协作系统已经在肥城市医共体内铺开。

（5）惠民应用。互联网医院（挂缴查、线上咨询）、处方流转、健康身份证（一卡通）、健康家庭、统一支付平台、保险平台等全部上线，在泰安市中医医院、第四人民医院、肥城市多家基层医院铺开使用。

（6）管理相关应用。区域监管平台、物资供应链平台、区域人财物管理等已经完成上线。

（7）疫情相关应用。疫情登记系统、疫情监控平台已相继上线。

（8）网络建设。已使用 IPV9 网络技术连接市属医院、岱岳区、新泰市、肥城市、东平县各卫健局、县级医院、乡镇卫生院；肥城市网络已连接到各村级卫生室和村卫生工作站。

（9）硬件建设。“健康泰安大数据生态域”项目所需硬件设备均已到位并完成安装部署，异地（青岛）灾备设备也已到位。

十进制网络 IPV9 自 2016 年立项建设以来，得到泰安市政府的大力支持，通过“健康泰安”大数据项目，山东广电网络有限公司泰安分公司也实现了从市到县 300 多千米骨干环网、从县到乡镇 2000 多千米骨干环网、从乡镇到村 12000 多千米光缆线路的 IPV9 网络技术升级，随着健康业务逐步拓展到家庭和个人，山东广电网络有限公司泰安分公司将实现骨干网和接入网的全网 IPV9 网络技术升级。

7.5.2　陕西省西安市 IPV9 教育根研究中心

利用教育专网，通过西安工业大学专网接入新型网络与检测控制国家地方联合工程实验室，开展 IPV9 教育根服务器、镜像服务器及域名、地址管理研究与应用推广。开展的应用包括智慧教育和智慧建筑，该项目形象地被称为 IPV9“123 工程”，意在建设一条中国自主知识产权的 IPV9 教育网根，发展两个方向：教育+建筑；立足三个试点区域：陕西省西安市、山西省长治市、河南省林州市。

该研究中心的主要业务包括以下三个方面。

1. 教育根域名与地址的研究与管理

研究中心同时开展未来网络/IPV9“Y”根域名服务器中国教育镜像根服务器前期规划与示范运行；将来作为西北地区中文域名.CHN 注册登记服务中心；开展未来网络/IPV9 教育根域名服务器在教育领域的技术开发与应用推广。

2. 教育大数据平台

教育大数据平台设计采用多层设计方法，每一层完成不同的功能，所有组件组合成一个有机的整体。组件的独立性有利于提高程序的稳定性，并且相同的组件被分布到不同的服务器硬件上实现负载均衡，从而提高整个系统的性能。

平台整体框架主要分为五层模块组，分别是网络基础层、数据中心层、基础云服务层、应用层、接口层（统一门户），如图 7.9 所示。

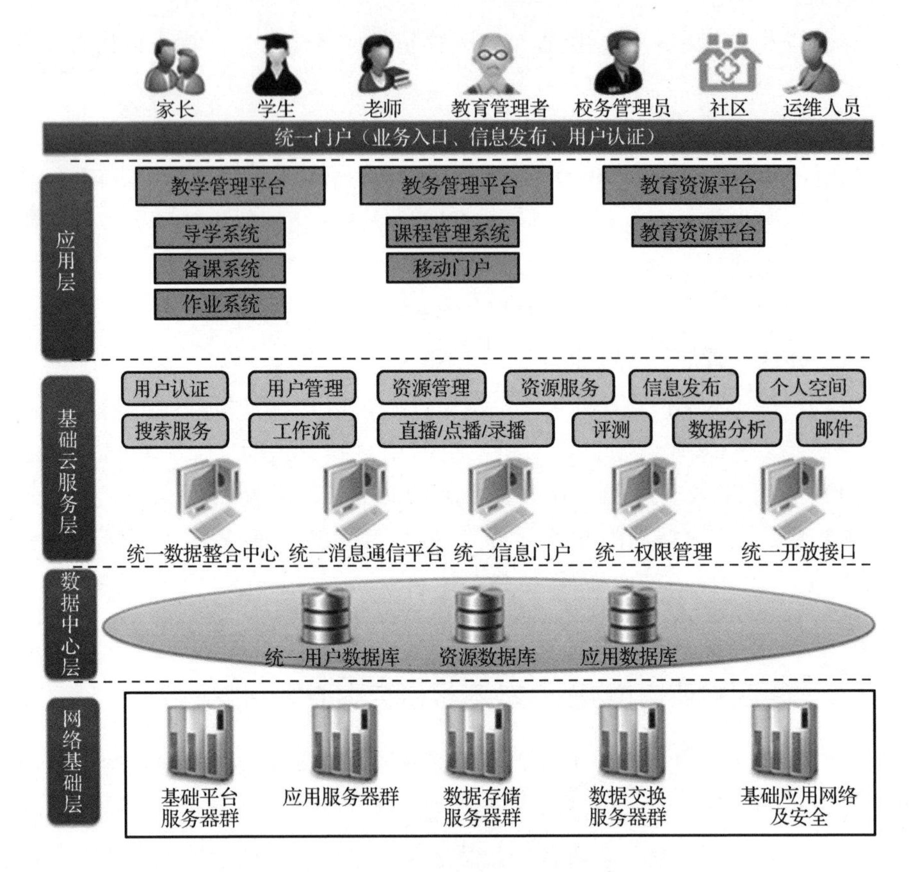

图 7.9　教育大数据平台整体框架

第一层：网络基础层，为系统提供基础的网络环境，实现对数据库、性能、Web 门户的综合管理。作为平台的地基，为上层的软件模块提供强壮的运行环境，提供软件接口，为平台的扩展打造强大的支撑环境。

第二层：数据中心层，通过统一用户数据库、资源数据库、应用数据库全面支撑“智慧校园”的数据存储、查询、更新功能。

第三层：基础云服务层，通过用户管理、权限管理、消息管理、接口管理等后台管理服务，支撑平台应用的安全、稳定。维护功能包括报警功能、维测功能、统计功能、安全功能。

第四层：应用层，分为教育资源平台、教学管理平台、教务管理平台三大部分，同时实现所有应用的统一门户、统一用户认证以及统一信息发布。

第五层：接口层即统一门户，统一接口规范，实现优质资源与应用的快速接入。

教育大数据平台功能（SaaS）建设内容包括教育资源管理平台、智慧教务系统、移动微校、智慧大数据管理和数字教育资源库。通过整合现有教育信息中心、教育局的相关应用和资源，在智慧教育大数据生态域平台层（PaaS 层）上统一部署和管理，最终实现为教育管理者、学校管理者、老师、学生、家长提供统一、优质、高效、泛在的教育信息化云服务，持续提升教育信息化服务水平和服务质量。

3. 建筑教育大数据平台

为了响应国家智能制造规划，推进建筑业持续快速发展，加快信息化时代建筑业改革，统筹建设一体化智慧建筑行业平台，利用未来网络（IPV9）技术，开发基于 IPV9 的电子房产与资产登记及“红旗渠工匠”教育平台。将建筑系统、建筑管理部门、建筑企业、现场管理者、建筑工匠等资源连接起来，实现人与人、人与物、物与物的无缝连接，实现远距离与近距离的高效有机管理。

西安教育根节点开展基于 IPV9 的建筑教育大数据平台研究与开发，建设“红旗渠工匠”智慧教育平台。该平台以提升职工队伍技术技能素质和企业核心竞争力为目标，以培养、推荐、激励、宣传为主要手段，引领中国建筑系统技术技能水平，发扬“红旗渠”工匠精神，厚植工匠文化，激发广大建筑职工的岗位责任感、职业荣誉感和时代使命感，为造就知识型、技能型、创新型建筑职工队伍提供重要的智力支持和舆论引导。

该平台基于建筑业的智慧工匠教育，以提高建筑劳动者知识水平、技能教育为核心，将建筑技术与操作实践深度融合，形成技术信息化和行业信息数字化，从而实现主管部门对各企业、机构的垂直管理和业务指导，达到基层企业数据真实、迅速上报的目的，并使得区域内各企业间共建共享资源，充分利用信息化手段和现代化设备提升整体管理水平、技术水平，促进建筑业均衡发展。

7.5.3 IPV9 与数字货币

进入 21 世纪，由于 IT 产业的发展，互联网技术日臻完善，以网络为基础，建立在互联网和数字加密技术基础之上的数字货币水到渠成，诞生了各种各样的数字货币，如比特币和 Libra 等，但以上的所有技术均在应用层。由于现有的 IPv4 和 IPv6 技术的地址空间太小，不能把 IP 地址作为对应的数字货币锚，所以没有像石油一样形成货币锚。

基于 IPv4/IPv6 网络采用传统的数据库实现的数字货币，是美国接入网在中国的应用，发行的数字货币是美国主权下的延伸应用，由于基于应用层设计的数字现金无法确定发行和运营过程中真实的地理地址与虚拟物理地址重叠，发行的数字货币无地理属性、无发行和使用单位的真实物理属性，因此不能作为法定数字货币，导致各个国家在货币价值等方面冲突不断。现有金融通信的技术及网络空间主体均为美国控制，并且现有数字货币系统均在互联网上运行，现在的网络不是平等的互联，而是主从关系的接入，美国具有更高的权限，可以随意查看各种关键信息，还有收费权和法律管辖权限。

IPV9 是我国研究的未来网络标准体系和技术体系，拥有完全自主知识产权的母根域名服务器、以英文大写 N～Z 字母命名的 13 个主根域名服务器，可独立分配 IP 地址空间、“.CHN”国家顶级域名、“86”全数字域名、IP 地址网络资源。在此核心基础技术所有权的前提下，IPV9 可以与采用 IPv4/IPv6 技术的美国互联网平等并行存在、独立运行。

我国目前已建立了拥有支持 256 位地址空间的“N”金融根域名服务器，为我国乃至全球统一格式的数字货币奠定了基础。可以规避在数字货币发行过程中美国的根域名服务器及顶级域名服务器对中国整体数字货币的发行网络通信体系的管理控制。

我国的数字货币网络通信系统可拥有与美国平行的金融根域名服务器，以及“.CHN”国家顶级域名服务器及其配套的数字货币电子凭证、付款处理等安全服务设施体系，并采用先进的先验证后通信技术及配套的国产加密技术彻底解决金融信息安全问题，保证我国的金融稳定，维护国家的主权。同时建立基于十进制网络根域名服务器的数字货币和实物货币的兑换、电子票据及电子业务的路径和身份及资质认证第三方平台，进行全国统一的事先认定及管理。

中国十进制网络标准工作组研发的《命名和寻址》已明确采用大于 2^{128} 的大地址空间，为发行数字货币锚提供了依据，美国、中国、俄罗斯等国家成员体投了赞成票。中国已开发成功 2^{256} 大地址空间，可为我国发行数字货币提供海量的 IP 地址锚。数字货币的交换格式如图 7.10 所示。

未来网络 IPV9 采用先验证后通信的机制，特别适合现有银行在互联网上的第三方支付和信用卡交易、企业之间的交易、数字货币发行和流通。

鉴于未来网络 IPV9 技术的先进性和独特性，中国已与 EndlessOne Global Lnc［世界上最大的信用卡和全球银行交易（包含数字货币）的信息传输和数据管理的安全密码技术提供者，可执行人民币与美元等十七种货币直接交换业务］于 2019 年 8 月 3 号在北京签订了合作协议（合作期限为 50 年），双方采用 IPV9 网络技术作为全球的银行业的全部项目交易（包含数字货币）的信息传输和数据管理的安全密码交换技术，可以提供有关人民币与美金等十七种货币的兑换服务，并建设人民币和美元的汇聚交换中心，成为全球最大的数字货币的流通、信息传输和数据管理的安全密码汇款技术提供和服务商。

码段0	1	2	3	4	5	6	7		8
交换标识码	地域码		管理主体码	发行者代码	数字货币代码	单品代码			
	国家和地区码	行政区域码				时间码	数字货币单件代码	面值	载体识别码
5位	4位	6位	4位	4位	4位	14位	10位	12位	1位
记录跟踪本币交易历史	中国 chn （0086）（156）	北京 100001	国家金管局	中国人民银行	各国货币/人民币纸币（各种票据）	20150912246060	zl9N913538	100.00	电子

图 7.10　IPV9 数字货币一体化大数据交换格式

采用我国 IPV9 自主网络技术的“R”根北斗授时同步技术来处理我国数字货币的网络数据的同步，即时间同步、信息同步和控制管理，建立安全有效的授时管理体系，解决现有国家数字货币的网络系统依赖美国航空航天管理局网络 GPS 授时同步系统而存在的重大隐患。

7.5.4　IPV9 电影网络发行

随着人们物质生活水平的不断提高，对文化娱乐的追求也在不断改善，电影行业呈现持续快速发展的局面，电影产业数字化、网络化、信息化逐步完善，在电影资源分发和放映过程中，数字电影管理系统（Theatre Management Syatem，TMS）成为影院控制的核心，将电影院的放映厅连接到一起集中控制，实现影片资源管理、放映与密钥管理。

TMS 主要运用的硬件设备有 IPV9/IPv4 百兆路由器（TY-BR 系列）、IPv4/IPV9 域名解析系统（TY-DNS）。通过 Wireshark 抓包工具和 Linux 命令做了一系列实验，验证了 IPV9 的搭建成功及其优越性。针对当前数字电影放映管理体系的不足，结合 IPV9 网络的特点，将电影发行及放映系统迁移至 IPV9 网络，设计了与当前系统完全不同的组网架构，实现了影片资源的实时快速传输，也解决了院线不能统一管理的难题。2019 年 5 月 21 日，进行了世界上第一次以端到端 500～1000Mbps 的速度，在 IPV9 全国骨干网络+5G 本地接入网络，成功开展了数字电影节目网络发行工作（每部电影数据容量在几百 GB 左右），实现了中国电影网络发行在全球率先进入了“一小时”新时代，实现了以 IPV9 通信地址为中心的影院智慧化工作。

7.5.5 北斗服务器应用

十进制网络为中国北斗导航系统提供服务，实行 IPv4 与 IPV9 双模运行，IPv4 地址为 192.168.15.20，IPV9 的地址为 3276[86[21[4]201，服务器运行状态如图 7.11 和图 7.12 所示。

服务器	北斗授时	GPS授时
主机名称	NTP-SERVER	NTP-SERVER
IPV4地址	192.168.15.20	192.168.15.20
IPV9地址	3276[86[21[4]201	3276[86[21[4]201
服务端DNS(V9)	ntp.bd.r	ntp.bd.r
卫星颗数	07	09
高度	26.800	20.200
经度	121.000	121.000
纬度	31.000	31.000
卫星时间	2020-10-26 22:28:53	2020-10-26 22:28:53
服务时间	2020-10-27 06:28:53	2020-10-27 06:28:53

图 7.11 服务器运行状态（一）

北斗客户端状态

服务端IPV4地址	服务端IPV9地址	服务端DNS(V9)	客户端IPV4地址	客户端IPV9地址	客户端DNS(V9)	询问端口	询问次数	时间偏差	平均询问时间	最近询问时间	更新时间
192.168.15.20	3276[86[21[4]201	ntp.bd.r	202.170.218.71	32768[86[10[4]1	暂未注册	146	4	1385168	70807	38002	2020-10-27 06:28:57
192.168.15.20	3276[86[21[4]201	ntp.bd.r	202.170.218.68	32768[86[10[4]192.168.16.131	暂未注册	47511	2	-2147483648	71	6872	2020-10-27 06:28:57
192.168.15.20	3276[86[21[4]201	ntp.bd.r	202.170.218.83	32768[86[10[7[3]2	暂未注册	17606	1010	123	288	91	2020-10-27 06:28:57
192.168.15.20	3276[86[21[4]201	ntp.bd.r	202.170.218.85	32768[86[10[8[3]2	暂未注册	11974	1	-2147483648	0	700	2020-10-27 06:28:57
192.168.15.20	3276[86[21[4]201	ntp.bd.r	202.170.218.87	32768[86[10[9[3]2	暂未注册	8619	2	-2147483648	11311	1808	2020-10-27 06:28:57
192.168.15.20	3276[86[21[4]201	ntp.bd.r	202.170.218.88	32768[86[10[11[3]2	暂未注册	2270	2	-2147483648	11039	1235	2020-10-27 06:28:57
192.168.15.20	3276[86[21[4]201	ntp.bd.r	202.170.218.81	32768[86[10[26[3]2	暂未注册	51840	302	285	885	858	2020-10-27 06:28:57
192.168.15.20	3276[86[21[4]201	ntp.bd.r	192.168.15.100	32768[86[21[4]1	暂未注册	123	300	-708618	890	1210	2020-10-27 06:28:57
192.168.15.20	3276[86[21[4]201	ntp.bd.r	192.168.15.30	32768[86[21[4]192.168.15.30	暂未注册	66718	300	218	890	889	2020-10-27 06:28:57
192.168.15.20	3276[86[21[4]201	ntp.bd.r	192.168.15.31	32768[86[21[4]192.168.15.31	暂未注册	123	300	207	890	859	2020-10-27 06:28:57
192.168.15.20	3276[86[21[4]201	ntp.bd.r	192.168.15.32	32768[86[21[4]192.168.15.32	暂未注册	123	300	231	890	859	2020-10-27 06:28:57
192.168.15.20	3276[86[21[4]201	ntp.bd.r	192.168.15.97	32768[86[21[4]192.168.15.97	暂未注册	123	300	0	903	854	2020-10-27 06:28:57
192.168.15.20	3276[86[21[4]201	ntp.bd.r	115.236.167.10	32768[86[571[4]1	暂未注册	51498	229	-2147483648	1182	598	2020-10-27 06:28:55
192.168.15.20	3276[86[21[4]201	ntp.bd.r	183.134.103.211	32768[86[571[4]192.168.18.66	暂未注册	45146	1365	12	198	280	2020-10-27 06:28:57
192.168.15.20	3276[86[21[4]201	ntp.bd.r	202.170.218.76	32768[86[6666[4]1	暂未注册	37879	300	291	890	858	2020-10-27 06:28:57
192.168.15.20	3276[86[21[4]201	ntp.bd.r	202.170.218.78	3000000001[86[10[51651200[3]1	暂未注册	65276	1	-2147483648	0	1020	2020-10-27 06:28:57
192.168.15.20	3276[86[21[4]201	ntp.bd.r	61.244.5.161	3000000001[852[5]1	暂未注册	33679	1770	267	153	280	2020-10-27 06:28:58
192.168.15.20	3276[86[21[4]201	ntp.bd.r	61.244.5.164	3000000001[852[5]3	暂未注册	54947	1775	310	152	263	2020-10-27 06:28:58

图 7.12 服务器运行状态（二）

7.5.6　吉林省政法委系统

2016 年，吉林省政法委使用英文域名为 www.jlzf.chn 的网站访问 IPv4 的 Internet 服务，客户端配置英文域名服务器地址、应用程序（Web 客户端等），通过英文域名得到相应服务的 URL 地址；在政法委员会机房部署 IPV9 层、节点、设备，加入 IPV9 网络管理系统，作为 IPV9 骨干网的节点。

从吉林省政法委系统的运行情况来看，IPV9 在系统设计中，报头、报文、IPV9 协议角度具有一致性、互通性、重复性、可扩展性。IPV9 英文域名寻址访问速度快速准确，访问安全性很高，从 IPv4 到 IPV9 转换的协议友好，访问顺畅。协议配置具有良好的界面，简单易懂、操作方便。

7.5.7　其他应用

在新疆和静县与尉犁县升级改造城域网和有线电视网的过程中，全部采用 IPV9 设备，并开展了视频监控应用，构建尉犁县电子政务内外网，党建、电商应用平台及基于 IPV9 的校园网。

在上海长宁试验区，建设基于 IPV9 的科技委员会电子政务网、成人教育学院网，实现了 VoIP（Voice over IP，IP 承载语音）中的数字域名系统应用。另外，IPV9 在上海战备办公室 110 报警系统、上海文汇新民联合报业集团出版传媒方面也有大量的应用，为网络系统的优化与完善提供了数据支撑。

湖南统计局骨干专网采用 1000M 的 IPV9 路由器搭建而成，在每个接入端采用 100M 的 IPV9 路由器和 IPV9/IPv4 协议转换器将统计局的专网和临近的骨干网节点对接，进行数据传输。其中，办公网数据和视频会议数据通过不同的路由分开，再通过交换机将数据分组混合进行传输，以保证视频会议系统数据传输的稳定。

在“数字福建”项目建设中，利用 IPV9 协议结合数字域名解析系统，为福建省的税控系统提供一个安全高效的税控平台。结合税控金融 POS 机及网上报税系统，并与有关单位制定税控金融 POS 机的统一标准。采用具有自主知识产权的 IPV9 地址和数字域名为每一个税控金融 POS 机分配地址和域名，可以做到“一机一号”。不但保证了地址和域名数量的可用性和安全可靠性，同时保证了整个税控系统的信息流得到可靠的安全保证。

基于未来网络 IPV9 的 110 报警系统软件，于 2002 年研制完成并经实验室反复实验论证取得成功经验后，向上海市交通战备办公室进行推荐使用，获得好评。在 2003 年 4 月抗击“非典”时，在上海市吴淞区安装的监控系统对过往旅客和车辆进行实时检查，为抗击“非典”做出了贡献。

7.6 在 IPv4 环境下访问 IPV9 资源的方法

目前的网络多数是基于 IPv4 的环境，在现有的 Internet 网络环境下，通过对现有计算机或者终端进行设置，以访问 IPV9 的.chn 域名网络。目前的大多数计算机浏览器、手机浏览器都支持访问，如计算机上常见的火狐浏览器（Firefox）、谷歌（Google Chrome）、Microsoft Edge、360 极速浏览器等，以及在手机上常用的 Safari、百度浏览器等。在使用浏览器打开网站之前，需要先对网络的 DNS 进行设置，指向十进制网络 IPV9 的域名解析服务器（DNS），地址是 202.170.218.93（上海）、222.25.4.239（西安）和 61.244.5.162（香港）。现介绍在个人计算机和手机上访问.chn 网站的步骤。

在访问之前，首先推荐几个典型的 IPV9 网站，如表 7.1 所示。

表 7.1 典型的 IPV9 网站

网站域名	网站资源	资源管理	资源地址
http://www.v9.chn	.chn 门户网站	十进制网络标准工作组	上海市
http://em777.chn	十进制技术介绍网站	上海十进制网络信息科技有限公司	上海市
http://www.xav9.chn	西安十进制门户网站	西安十进制网络科技有限公司	西安市
http://www.xa.chn	V9 研究院门户网站	西安微九研究院有限公司	西安市
http://www.hqq.chn/	红旗渠工匠	西安十进制网络科技有限公司	西安市
http://www.zjsjz.chn	浙江十进制门户网站	浙江十进制网络有限公司	杭州市
http://www.zjbdth.chn	北斗天绘	北斗天绘信息技术有限公司	杭州市

7.6.1 计算机访问.chn 网站设置

以 Windows10 系统设置进行介绍（PC 端）。

（1）右击桌面上的“网络”图标，选择“属性”选项，出现界面如图 7.13 所示。

（2）单击网络和共享中心设置界面中的“连接：以太网”选项，出现界面如图 7.14 所示。

（3）在以太网状态界面中，单击“属性”按钮，出现对话框如图 7.15 所示。

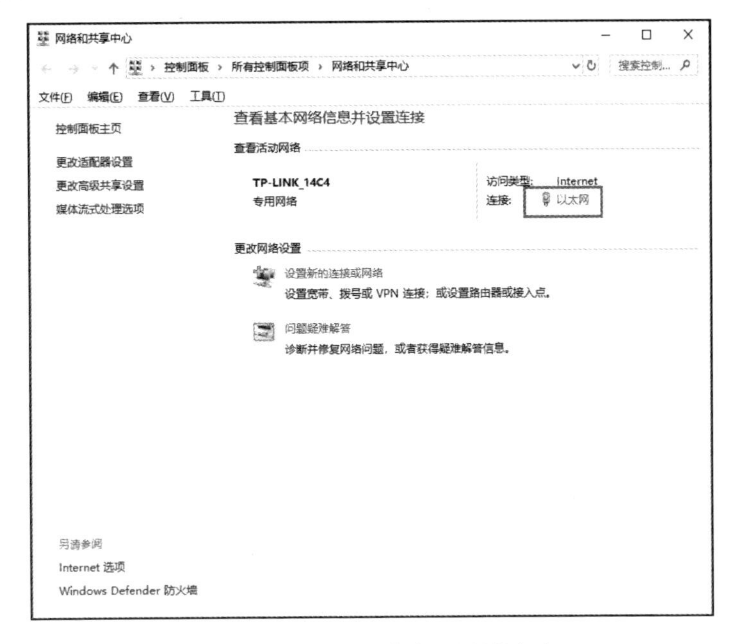

图 7.13　网络和共享中心设置界面

图 7.14　以太网状态界面

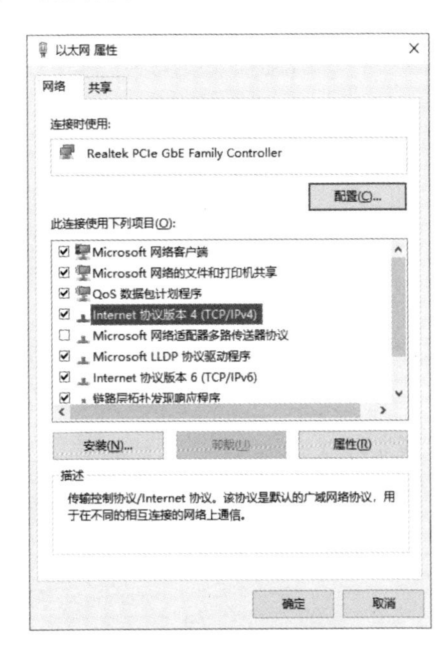

图 7.15　以太网属性界面

（4）在以太网属性界面，双击“Internet 协议版本 4（TCP/IPv4）”选项，出现对话框如图 7.16 所示。设置首选 DNS 服务器和备用 DNS 服务器即完成设置。

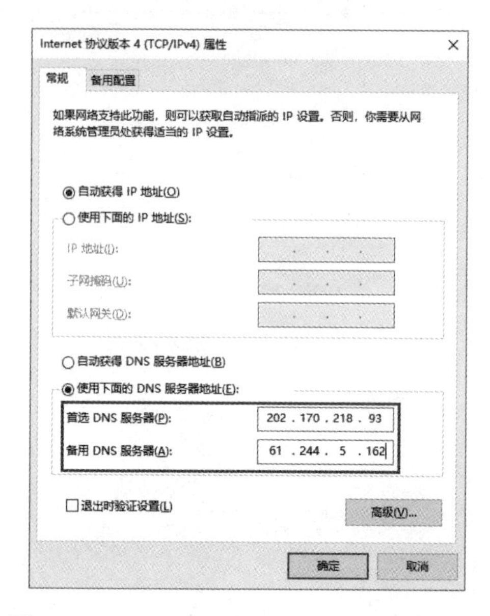

图 7.16　Internet 协议版本 4（TCP/IPv4）属性

（5）打开浏览器。推荐 Firefox 或者 Google Chrome。在浏览器地址栏中输入 http://www.hqq.chn 即可访问 IPV9 网站，如图 7.17 所示。

图 7.17　红旗渠工匠首页

7.6.2　手机访问.chn 网站

目前手机类型较多，但设置方法大同小异，Android 系统的手机可以通过下载插件使用流量直接访问，但多数情况下通过本地 Wi-Fi 访问.chn 资源更方便，也可以通过手机热点访问，通过 Wi-Fi 和通过手机热点访问的设置方法相同。下面以华为（Android 系统）手机和 iPhone（iOS 系统）手机为例，介绍手机 DNS 的设置方法。

1. 华为手机参数设置

设置手机 HUAWEI Mate 20，系统为 Android 10，EMUI 10.1.0。

（1）单击手机桌面上的“设置”按钮，出现手机设置界面如图 7.18 所示。

（2）在界面中单击“无线局域网”选项，出现无线连接设置界面如图 7.19 所示。

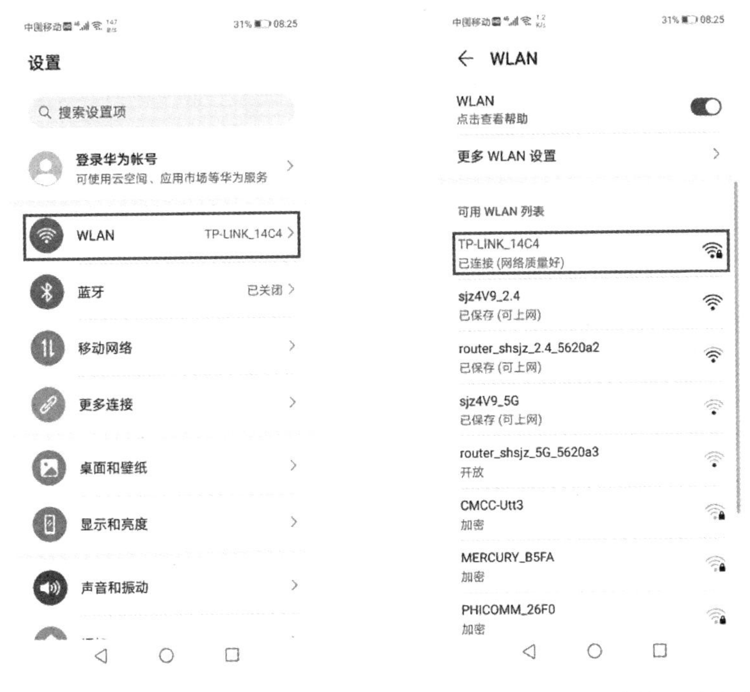

图 7.18　手机设置界面　　　　图 7.19　无线连接设置界面

（3）在已连接的网络名称上按压停留一段时间，出现附加菜单选项，如图 7.20 所示。单击“修改网络”菜单，出现网络参数设置界面，选中“显示高级选项”项，再选择“静态”选项，如图 7.21 所示。

（4）按照图中的参数修改 DNS，修改完成后，单击“保存”按钮，设置完成，如图 7.22 所示。

图 7.20　修改网络界面

图 7.21　参数设置界面

（5）返回手机主界面，在浏览器（Firefox 或 Google Chrome）中输入 chn 网站，即可进行浏览。

图 7.22　修改网络界面

其余手机，如小米、vivo 等，只要进行连接网络的 DNS 设置，就可以访问 IPV9 的网络资源了。

2. 苹果手机参数设置

设置手机型号为 iPhone XR，系统为 iOS13.5。

（1）单击手机桌面上的“设置”按钮，出现设置界面，在界面中单击“无线局域网”选项，如图 7.23 所示。

（2）单击已经连接的无线局域网右侧的ⓘ图标，出现网络设置界面，如图 7.24 所示。

（3）在设置界面，选择“配置 DNS”项，出现 DNS 设置界面，如图 7.25 所示。选择“添加服务器”选项，输入图中所示的 DNS 地址，单击界面右上角的“存储”命令，完成设置。

（4）打开浏览器，此处使用 360 极速浏览器，在地址栏中输入 http://www.xav9.chn，即可打开“西安未来”网络主界面，如图 7.26 所示。

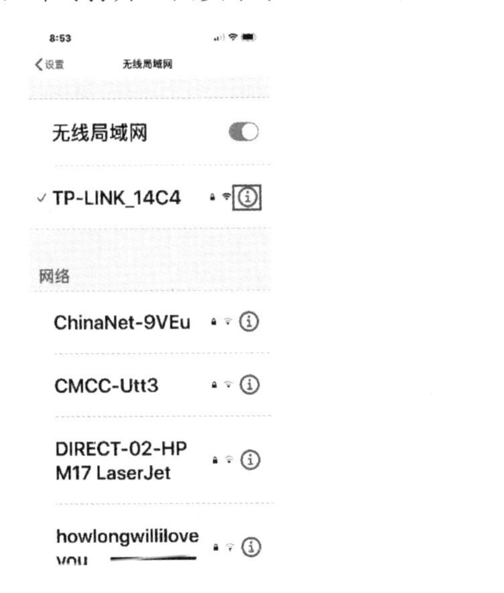

图 7.23　无线局域网界面

图 7.24　无线连接参数界面

7.6.3　用中国.域名访问 IPV9 网站的方法

十进制网络系统除了可以通过字符域名访问网络资源，还可以使用中文域名访问，格式为 http://中国.*****，但在访问之前要进行设置。在此以 Firefox 浏览器为例说明。

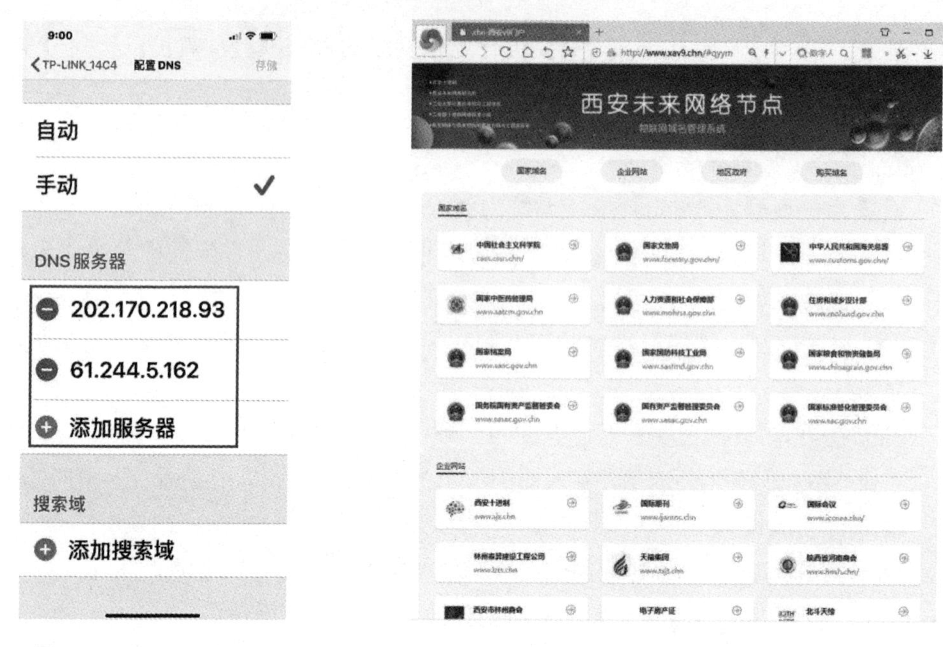

图 7.25　DNS 设置界面　　　　　　　　图 7.26　西安未来网络主界面

（1）打开 Firefox 浏览器，单击右上角的菜单按钮，打开浏览器设置菜单，如图 7.27 所示。

图 7.27　Firefox 菜单设置界面

（2）单击“选项”命令，拖拉右侧滚动条到页面下端，出现界面如图 7.28 所示。

图 7.28　Firefox 菜单选项界面

（3）单击网络设置中的“设置”按钮，出现“连接设置”对话框，如图 7.29 所示。在“配置访问互联网的代理服务器”选项中选择“不使用代理服务器(Y)”项，在界面下端选中“启用基于 HTTPS 的 DNS”项，在“自定义”编辑框中输入 https://doh.zsw9.cn/dns.query。

（4）设置完成后，单击“确定”按钮，完成设置。在 Firefox 浏览器中输入“中国.微九研究院”中文域名，即可访问中文网站资源，如图 7.30 所示。

连接设置

配置访问互联网的代理服务器

不使用代理服务器(Y)

自动检测此网络的代理设置(W)

使用系统代理设置(U)

手动配置代理(M)

HTTP 代理(X) 端口(P) 0

也将此代理用于 HTTPS

HTTPS Proxy 端口(Q) 0

SOCKS 主机 端口(T) 0

SOCKS v4 SOCKS v5

自动代理配置的 URL（PAC）

重新载入(E)

不使用代理(N)

例如：.mozilla.org, .net.nz, 192.168.1.0/24

与 localhost、127.0.0.1/8 和 ::1 的连接永不经过代理。

如果密码已保存，不提示身份验证(I)

使用 SOCKS v5 时代理 DNS 查询

启用基于 HTTPS 的 DNS

选用提供商(P) Cloudflare（默认值）

确定 取消 帮助(H)

图 7.29　Firefox 连接设置界面

图 7.30　西安 V9 研究院网站

为方便测试访问，在此推荐几个典型的 IPV9 网站（见表 7.2）。

表 7.2　典型的 IPV9 中文域名网站

字符域名	网站资源	中文域名	资源管理
http://www.ijanmc.chn	新型网络国际期刊	http://中国.新型网络与检测控制	西安工业大学
http://www.iccnea.chn	ICCNEA 国际会议网站	http://中国.国际会议	西安工业大学
http://www.xa.chn	.chn 门户网站	http://中国.微九研究院	西安十进制网络科技有限公司
http://www.xav9.chn	西安十进制门户网站	http://中国.西安未来网络门户	西安十进制网络科技有限公司
http://www.xand.chn	西安诺顿留学网站	http://中国.西安诺顿留学	西安十进制网络科技有限公司
http://www.hqq.chn	红旗渠工匠	http://中国.红旗渠工匠	西安十进制网络科技有限公司
http://www.xazn.chn	正诺会议公司网站	http://中国.西安正诺会议	西安十进制网络科技有限公司

十进制网络系统除了可以通过字符域名、中文访问网络资源，还可以使用十进制地址访问资源，一个网站对应一个十进制地址，也可以以子目录结构的方式实现一个十进制地址对应多个网络资源。由于采用十进制地址访问要在后台绑定计算机，设置比较麻烦，只提供一个展示界面，如图 7.31 所示。

图 7.31　红旗渠工匠网站

本 章 小 结

本章主要介绍了在目前的 Internet 环境下，通过个人计算机终端或者个人手机，用浏览器访问十进制网络资源的方法。只需进行简单的DNS设置，指向十进制服务器即可完成资源访问，设置非常简单。目前，十进制网络处于试验应用阶段，网络资源较少，原来运行在Internet上的资源是完全可以平移至十进制网络系统的，随着国家政策的出台，十进制网络的资源一定会越来越多，中国自主知识产权的十进制网络有望进入千家万户。

附录　主要国家和地区国际电话区号对照表

国家/地区		国际电话区号	国家/地区		国际电话区号
阿富汗	AFGHANISTAN	93	吉尔吉斯斯坦	KYRGYZSTAN	996
阿拉斯加	ALASKA	1907	老挝	LAOS	856
阿尔巴尼亚	ALBANIA	355	拉脱维亚	LITHUANLA	371
阿尔及利亚	ALGERIA	213	黎巴嫩	LEBANON	961
安圭拉岛	ANGUILLA IS.	1264	利比里亚	LIBERIA	231
安道尔	ANDORRA	376	利比亚	LIBYA	218
安哥拉	ANGOLA	244	列支敦士登	LIECHTENSTEIN	423
南极	ANTARCTICA	64672	立陶宛	LITHUANLA	370
阿根廷	ARGENTINA	54	卢森堡	LUXEMBOURG	352
亚美尼亚	ARMENIA	374	马其顿	MACEDONIJA	389
阿鲁巴岛	ARUBA IS.	297	马达加斯加	MADAGASCAR	261
阿林松	ASCENSION	247	马拉维	MALAWI	265
澳大利亚	AUSTRALIA	61	马来西亚	MALAYSIA	60
奥地利	AUSTRIA	43	马尔代夫群岛	MALPE ISLAND	960
阿塞拜疆	AZERBAUAN	994	马里	MALI	223
巴哈马	BAHAMAS	1242	马耳他	MALTA	356
巴林	BAHRAIN	973	马尔维纳斯群岛	MALVINAS IS.	500
孟加拉国	BANGLADESH	880	马里亚纳群岛	MARIANA ISLAND	670
巴巴多斯	BARBADOS	1246	马绍尔群岛	MARSHALL IS.	692
白俄罗斯	BELARUS	375	毛里求斯	MAURITIUS	230
比利时	BELGIUM	32	墨西哥	MEXICO	52
伯利兹	BELIZE	501	密克罗尼西亚	MICRONESIA	691
贝宁	BENIN	229	中途岛	MIDWAY IS.	1808
百慕大	BERMUDA	1809	摩尔多瓦	MOLDOVA	373
不丹	BHUTAN	975	摩纳哥	MONACO	377
玻利维亚	BOLIVIA	591	蒙古	MONGOLIA	976
波黑	BOSNIA AND HERZECOVINA	387	摩洛哥	MOROCCO	212

续表

国家/地区		国际电话区号	国家/地区		国际电话区号
博斯瓦纳	BOTSWANA	267	莫桑比克	MOZAMBIQUE	258
巴西	BRAZIL	55	纳米比亚	NAMIBIA	264
文莱	BRUNEI	673	尼泊尔	NEPAL	977
保加利亚	BULGARIA	359	荷兰	NETHERLANDS	31
缅甸	BURMA	95	新西兰	NEW ZEALAND	64
布隆迪	BURUNDI	257	尼加拉瓜	NICARAGUA	505
柬埔寨	KAMPUCHEA	855	尼日尔	NIGER	227
喀麦隆	CAMEROON	237	尼日利亚	NIGERIA	234
加拿大	CANADA	1	纽埃岛	NIUE IS.	683
开曼群岛	CAYMAN IS.	1809	诺福克岛	NORFOLK IS.	672
中非	CENTRAL AFRICA	236	挪威	NORWAY	47
乍得	CHAD	235	阿曼	OMAN	968
智利	CHILE	56	巴基斯坦	PAKISTAN	92
中国	CHINA	86	帕劳	PALAU	680
圣诞岛	CHRISTMAS IS.	619164	巴勒斯坦	PALESTINE	970
哥伦比亚	COLUMBIA	57	巴拿马	PANAMA	507
刚果	CONGO	242	巴布亚新几内亚	PAPUA NEW GUINEA	675
科克群岛	COOK IS.	682	巴拉圭	PARAGUAY	595
哥斯达黎加	COSTA RICA	506	秘鲁	PERU	51
科摩罗	COMORO	269	菲律宾	PHILIPPINES	63
克罗地亚	CROATIA	385	波兰	POLAND	48
古巴	CUBA	53	葡萄牙	PORTUGAL	351
塞浦路斯	CYPRUS	357	波多黎各	PUERTO RICO	1787
捷克	CZECH	420	卡塔尔	QATAR	974
迪戈加西亚岛	DIEGO GARCIA IS.	246	留尼汪岛	REUNION IS.	262
丹麦	DENMARK	45	罗马尼亚	ROMANIA	40
多米尼加共和国	DOMINICAN REP.	1809	俄罗斯	RUSSIA	7
厄瓜多尔	ECUADOR	593	卢旺达	RWANDA	250
埃及	EGYPT	20	圣马力诺	SAN MORINO	378
萨尔瓦多	EL SALVADOR	503	沙特阿拉伯	SAUDI ARABIA	966
厄立特里亚	ERITREA	291	塞内加尔	SENEGAL	221

续表

国家/地区		国际电话区号	国家/地区		国际电话区号
爱沙尼亚	ESTONLA	372	塞拉利昂	SIERRA LEONE	232
埃塞俄比亚	ETHIOPIA	251	新加坡	SINGAPORE	65
法罗群岛	FAROE IS.	298	斯洛伐克	SLOVAK	421
斐济	FIJI	679	斯洛文尼亚	SLOVENIA	386
芬兰	FINLAND	358	所罗门群岛	SOLOMON ISLAND	677
法国	FRANCE	33	索马里	SOMALI	252
法属波利尼西亚	FRENCH POLYNESIA	689	南非	SOUTH AFRICA	27
法属圭亚那	FRENCH GUIANA	594	西班牙	SPAIN	34
德国	GERMANY	49	斯里兰卡	SRI LANKA	94
加纳	GHANA	233	圣卢西亚	ST.LUCIA	1758
直布罗陀	GIBRALTAR	350	圣文森特岛	ST.VINCENT IS.	1784
希腊	GREECE	30	苏丹	SUDAN	249
格陵兰岛	GREENLAND IS.	299	苏里南	SURINAME	597
格林纳达	GRENADA	1473	瑞典	SWEDEN	46
加蓬	GABON	241	瑞士	SWITZERLAND	41
关岛	GUAM	1671	叙利亚	SYRIA	963
瓜得罗普岛	GUADELOUPE IS.	590	坦桑尼亚	TANZANIA	255
危地马拉	GUATEMALA	502	泰国	THAILAND	66
几内亚	GUINEA	224	塔吉克斯坦	TAJIKISTAN	992
圭亚那	GUYANA	592	多哥	TOGO	228
海地	HAITI	509	突尼斯	TUNISIA	216
洪都拉斯	HONDURAS	504	土耳其	TURKEY	90
匈牙利	HUNGARY	36	土库曼斯坦	TURKMENISTAN	993
冰岛	ICELAND	354	图瓦卢	TUVALU	688
爱尔兰	IRELAND	353	乌干达	UGANDA	256
印度	INDIA	91	乌克兰	UKRAINE	380
印度尼西亚	INDONESIA	62	阿拉伯联合酋长国	THE UNITED ARAB EMIRATES	971
伊朗	IRAN	98	英国	U.K.	44
伊拉克	IRAQ	964	乌拉圭	URUGUAY	598

续表

国家/地区		国际电话区号	国家/地区		国际电话区号
以色列	ISRAEL	972	美国	U.S.A.	1
意大利	ITALY	39	梵蒂冈	VATITAN	3906698
牙买加	JAMAICA	1876	委内瑞拉	VENEZUELA	58
日本	JAPAN	81	越南	VIETNAM	84
约旦	JORDAN	962	阿拉伯也门共和国	THE YEMEN ARAB REP.	967
肯尼亚	KENYA	254	也门民主人民共和国	THE YEMEN REP.	969
朝鲜	D.P.R.KOREA	850	南斯拉夫	YUGOSLAVIA	381
哈萨克斯坦	KAZAKHSTAN	7	扎伊尔	ZAIRE	243
韩国	KOREA	82	赞比亚	ZAMBIA	260
科威特	KUWAIT	965	津巴布韦	ZIMBABWE	263

参考文献

[1] 王建国，王中生，汪仁，等. 计算机网络技术及应用[M]. 北京：清华大学出版社，2006.

[2] 叶哲丽，王中生，卫小伟，等. 计算机网络技术基础[M]. 北京：电子工业出版社，2006.

[3] 王中生，谢建平. 未来网络技术及应用[M]. 北京：清华大学出版社，2021.

[4] 江力. 数字通信原理[M]. 北京：清华大学出版社，2007.

[5] 王兴亮，寇宝明. 数字通信原理与技术（第三版）[M]. 西安：西安电子科技大学出版社，2009.

[6] 谢建平. 联网计算机用全十进制算法分配计算机地址的总体分配方法：CN00127622.0[P]. 2001-5-2.

[7] 谢建平. 联网计算机用全十进制算法分配地址的方法：ZL00135182.6[P].2004-2-6.

[8] 谢建平. 联网计算机用全十进制算法分配地址的方法：US 8082365[P]. 2011-12.

[9] A Erbil, G Dresselhaus, MS Dresselhaus(1981) *Internet Protocol*, *DARPA INTERNET PROGRAM PROTOCOL SPECIFICATION*. RFC 791， IETF.

[10] S.Deering, R.Hinden(1995) *Internet Protocol, Version 6 (IPv6)-Specification*. RFC1883, IETF.

[11] M. Crawford(1998) *Transmission of IPv6 Packets over Ethernet Networks*. RFC2464, IETF.

[12] J. Onions,(1994) *A Historical Perspective on the usage of IP version 9*. RFC1606, IETF.

[13] V. Cerf(1994) *A VIEW FROM THE 21ST CENTURY*. RFC1607， IETF.

[14] SJ/T 11271-2002. 数字域名规范[S]. 北京：谢建平，徐冬梅，赵夏中，等，2002.

[15] SJ/T 11604-2016. 基于十进制网络的射频识别标签信息定位、查询与服务发现技术规范 [S]. 北京：谢建平，孔宁，王文峰，等，2016.

[16] SJ/T 11603-2016. 用于信息处理产品和服务数字标识格式[S]. 北京：王文

峰，谢建平，冯敬，等，2016.

[17] SJ/T 11606-2016. 射频识别标签信息查询服务的网络架构技术规范[S].北京：王文峰，程晓卫，孔宁，等，2016.

[18] 包丛笑，李星.下一代互联网的过渡问题和解决方案[J]. 科学，2013，65（04）：21-24.

[29] 陈玮. 基于 IPV9 技术的商务港交易平台的设计与实现[D]. 长沙：湖南大学，2013.

[20] 史婧聪. 基于 IPV9 的数字电影发行与放映系统研究[D]. 北京：北京邮电大学，2018.

[21] International Journal of Advanced Network.Monitoring and Controls[J]. Xian: 4, (1-4), 2019.